Michael Bablick
Holz und Holzwerkstoffe

Michael Bablick

Holz und Holzwerkstoffe

Oberflächenbehandlung und Schutz

Deutsche Verlags-Anstalt

Abbildung Seite 2: Lärchenholz, im Wachstum empfindlich gestört

Mix
Produktgruppe aus vorbildlich
bewirtschafteten Wäldern, kontrollierten
Herkünften und Recyclingholz oder -fasern
Product group from well-managed
forests, controlled sources and
recycled wood or fibre
www.fsc.org Zert.-Nr. SGS-COC-004238
© 1996 Forest Stewardship Council

Verlagsgruppe Random House FSC-DEU-0100
Das für dieses Buch verwendete FSC-zertifizierte
Papier Profimatt, hergestellt von Sappi, Alfeld,
liefert IGEPA group.

1. Auflage
Copyright © 2009 Deutsche Verlags-Anstalt, München,
in der Verlagsgruppe Random House GmbH
Alle Rechte vorbehalten
Satz und Layout: zwischenschritt, Rainald Schwarz, München
Gesetzt aus der Meta
Lithographie: ReproLine mediateam, München
Druck und Bindung: Firmengruppe APPL, aprinta Druck, Wemding
Printed in Germany
ISBN 978-3-421-03671-1

www.dva.de

Inhalt

Vorwort ... 7

1 Der Werkstoff Holz ... 9

2 Zusammensetzung des Holzes ... 11

3 Holz als Chemierohstoff ... 13

4 Aufbau des Holzes ... 14
4.1 Nadelholz ... 15
4.2 Laubholz ... 16

5 Holzgewinnung ... 19
5.1 Rundholz ... 19
5.2 Schnittholz ... 20
5.3 Holz für Tischlerarbeiten ... 29

6 Trocknen des Holzes ... 31

7 Holzfehler ... 33

8 Bedeutende Nutzhölzer, ihre Eigenschaften und Verwendung ... 45

9 Furniere ... 59

10 Holzwerkstoffe ... 61
10.1 Klebstoffe und ihre Anwendungsgebiete ... 61
10.1.1 Polyvinylacetat-Leim (Weißleim) ... 62
10.1.2 Harnstoff-Formaldehydharz-Leim (UF) ... 62
10.1.3 Phenol-Formaldehydharz-Leim (PF) ... 62
10.1.4 Melamin-Formaldehydharz-Leim (MF) ... 62
10.1.5 Resorcin-Formaldehydharz-Leim (RF) ... 62
10.1.6 Polymethylendiiosocyanat-Leim (PMDI) ... 62
10.1.7 Zement ... 63
10.1.8 Gips ... 63
10.1.9 Schmelzklebstoffe ... 63
10.2 Das Problem Formaldehyd ... 63
10.3 Beanspruchungsgruppen der Holzklebstoffe ... 63
10.4 Nutzungsklassen der Holzwerkstoffe ... 64
10.5 Massivholzplatten (SWP) ... 65
10.6 Sperrholz ... 72
10.6.1 Furniersperrholz (FU) ... 75
10.6.2 Baustabsperrholz (BST) und Baustäbchenplatte (BSTAE) ... 75
10.7 Spanplatten ... 75
10.8 Flachpressplatten (OSB) ... 77
10.9 Holzfaserplatten ... 78
10.9.1 Harte Holzfaserplatten (HB) ... 79
10.9.2 Mitteldichte Faserplatten (MDF) ... 79
10.9.3 Poröse Faserplatten (SP) ... 79
10.10 Zementgebundene Spanplatten ... 80
10.11 Gipsfaserplatten ... 80
10.12 Holzwolle-Leichtbauplatten ... 80

11 Holzfeuchtigkeit ... 81
11.1 Luftfeuchtigkeit ... 83
11.2 Taupunkt ... 84
11.3 Gleichgewichtsfeuchte (Luftausgleichsfeuchte) ... 84
11.4 Feuchtemessungen ... 85
11.4.1 Messung der relativen Luftfeuchtigkeit ... 85
11.4.2 Messung der Holzfeuchtigkeit ... 85
11.4.2.1 Gravimetrische Messmethode (Darrmethode) ... 85
11.4.2.2 Messung mit dem Hydromaten ... 86
11.5 Diffusion ... 86
11.5.1 Wasserdampfdiffusionsstromdichte ... 86
11.5.2 Diffusionswiderstand ... 86
11.5.3 Diffusionswiderstandsfaktor ... 87
11.5.4 Berechnung des Diffusionswiderstandes ... 88
11.5.5 Osmose ... 88

12 Masshaltigkeit der Holzkonstruktionen ... 89

13 Resistenzklassen der Hölzer ... 90

14 Holzschädlinge — 92
14.1 Bakterien — 92
14.2 Pflanzliche Schädlinge — 92
14.2.1 Algen — 92
14.2.2 Pilze — 93
14.2.2.1 Bläuepilze — 94
14.2.2.2 Schimmelpilze — 95
14.2.2.3 Blättling — 97
14.2.2.4 Hausschwamm — 98
14.2.2.5 Braunfäule (Rotfäule, Destruktionsfäule) — 98
14.2.2.6 Weißfäule (Korrosionsfäule) — 99
14.2.3 Flechten — 99
14.2.4 Moose — 100
14.3 Tierische Schädlinge — 101
14.3.1 Hausbock — 102
14.3.2 Gewöhnlicher Nagekäfer (Anobium) — 102
14.3.3 Brauner Splintholzkäfer — 103
14.3.4 Holzwespe — 103
14.3.5 Termiten — 103
14.3.6 Ameisen — 103

15 Holzschutz — 104
15.1 Baulicher Holzschutz — 106
15.2 Chemischer Holzschutz — 106
15.2.1 Holzschutzmittel — 110

16 Bleichmittel — 115
16.1 Oxalsäure — 115
16.2 Kleesalz — 115
16.3 Zitronensäure — 115
16.4 Wasserstoffperoxid — 115

17 Holzbeizen — 117

18 Holzlasuren — 120

19 Brandschutzmittel — 121

20 Beschichtungen auf Holz — 122
20.1 Werkvertragsrecht — 123
20.1.1 Bedenkenmitteilung — 125
20.1.2 Auftragsabwicklung — 125
20.1.3 Abnahme der Leistung — 125
20.2 Neubeschichtungen — 126
20.3 Überholung von Altbeschichtungen — 126
20.4 Erneuerungsbeschichtungen — 127
20.5 Klimatische Beanspruchungsgruppen — 127
20.6 Farbton der Beschichtungen — 129
20.7 Beschichtungsstoffe — 131
20.7.1 Schellack — 133
20.7.2 Nitrolacke und -lackfarben — 134
20.7.3 Leinöl — 134
20.7.4 Öllacke und -lackfarben — 135
20.7.5 Naturharzlacke und -lackfarben — 135
20.7.6 Alkydharzlacke und -lackfarben — 135
20.7.7 Dispersionslacke und -lackfarben — 137
20.7.8 Dispersionslasuren — 138
20.7.9 Polyurethanharzlacke und -lackfarben — 138
20.7.10 Zweikomponenten-Polyurethan-Acrylharzlacke und -lackfarben — 139
20.7.11 Epoxidharzlacke und -lackfarben — 140

21 Untergrundprüfungen — 141

22 Innenbeschichtungen auf Holz — 150
22.1 Innenbeschichtungen auf Holzverkleidungen — 150
22.2 Beschichtung von Holzfußböden — 151
22.3 Beschichtungen von Innentüren und Möbeln aus Holz — 152

23 Aussenbeschichtungen auf Holz — 153
23.1 Beschichtungen von Holzverkleidungen und Dachuntersichten — 153
23.2 Beschichtungen von Holzfenstern und Holztüren — 154
23.3 Beschichtung von Holzfachwerk — 156

24 Verordnungen, Richtlinien und Vorschriften — 159

25 Weiterführende Literatur — 162

26 Stichwortverzeichnis — 163

Fotonachweis — 167

VORWORT

Dieses Buch richtet sich an Zimmerer, Schreiner, Maler und Lackierer, an alle, die mit Holz arbeiten, an alle, die Freude am Holz haben, denen Holz lieber ist als eine Holzimitation in Kunststoff.

Holz ist ein wunderbarer Werkstoff. Farbe und Struktur begeistern in ihrer Vielfalt und Originalität. Kein Holzstück ist gleich dem anderen. Da es sich um einen nachwachsenden Rohstoff handelt, wird Holz bei schonendem und vorausschauendem Umgang auch künftig reichlich zur Verfügung stehen. Der das Holz produzierende Baum ist zudem als Sauerstofflieferant für den Menschen und die Umwelt lebenswichtig.

Hier werden grundsätzliche Unterschiede zum Kunststoff (mit möglicherweise Holzstruktur) sichtbar. Bei der Herstellung von Kunststoff werden unwiederbringliche Ressourcen verbraucht – Holz wächst ständig nach. Kunststoff kann als Holzimitation hergestellt werden, es wird aber Imitation bleiben – Holz ist als Naturprodukt in jedem Stück einzigartig.

Beim Einsatz von Holz und Holzwerkstoffen treten immer wieder Probleme auf, für die es Lösungen zu finden gilt. Dieses Buch informiert.

Der Schutz des Holzes mit Bioxiden gerät von Zeit zu Zeit in die Schlagzeilen – der Mensch sieht sich gefährdet. Das Buch zeigt auf, wann der Einsatz von für Gesundheit und Umwelt problematischen Holzschutzmitteln vermeidbar und wann er dringend erforderlich ist. Daneben gibt es zum Schutz des Holzes nötige, aber absolut ungiftige Beschichtungsstoffe. Dieses Buch informiert.

Die Vermarktung von Holz und Holzwerkstoffen fordert eine umfassende Normung, von der Gewinnung beziehungsweise Herstellung bis zum Verkauf, Einbau und Schutz des Holzes und der Holzwerkstoffe. Die Vielfältigkeit des Holzes bedingt sehr umfassende und ausführliche Richtlinien, zunehmend werden EU-Normen in DIN-Normen übernommen, und die Normenvielfalt hat in den letzten Jahren extrem zugenommen. Das Buch entspricht zum Zeitpunkt der Drucklegung den aktuellen Normen auf europäischer und nationaler Ebene. Da sich die Normen heute sehr schnell ändern, sei darauf hingewiesen, dass stets nur die aktuellste Norm gültig ist und vor Gericht Bestand hat.

Michael Bablick
München, Februar 2009

Jeder Baum verbessert die Luftqualität.

1 Werkstoff Holz

Holz erfreut sich nach wie vor größter Beliebtheit. Der biologische Baustoff wächst ständig nach und ist so stets erneuerbar, ohne die Umwelt zu belasten. Im Gegenteil, der Baum trägt, solange er lebt, zur Verbesserung der Luftqualität bei.

Der Baum nimmt aus dem Boden Wasser und Nährstoffe, aus der Luft Kohlendioxid auf. In den Blättern wird das Kohlendioxid in Zucker und Sauerstoff umgewandelt. Der Sauerstoff wird wiederum an die Umwelt abgegeben.

Die Rodung von Wäldern, zurzeit besonders von Regenwäldern am Amazonas und in Indonesien, stellt eine Bedrohung der Welt dar. Durch Brandrodung werden sogar ganze Wälder unter Verzicht auf den Geldwert des Holzes vernichtet, um Bauland, Weiden oder Ackerland zu gewinnen. Es besteht die Gefahr, dass Holzarten unwiederbringlich verloren gehen, die bislang noch gar nicht so recht bekannt waren.

In den letzten Jahren gab es, auch unter Mitwirkung deutscher Stellen, Bemühungen um die Verminderung der Raubrodung, bislang jedoch ohne nennenswerten Erfolg. Die Menschen in Deutschland selbst verhalten sich widersprüchlich. Zum einen werden ohne Hilfe nicht mehr lebensfähige alte Bäume mit auch finanziell hohem Aufwand saniert und am Leben erhalten, zum anderen werden in vollem Saft stehende Bäume wider alle Vorschriften beseitigt, weil sie dem Kommerz im Wege stehen. Drohende Bußgelder schrecken in der Regel nicht ab.

Weltweit gibt es, geschätzt, ca. 30 000 Holzarten, von denen sich ca. 5 000 für gewerbliche Zwecke eignen; ca. 600 Holzarten sind im Handel. Die bei uns am meisten verwendeten Hölzer sind im verbauten Zustand außen nur dann beständig, wenn sie durch Beschichtungen geschützt sind. Dabei kann der chemische Holzschutz durch ausgeklügelte Konstruktionen (= konstruktiver Holzschutz) reduziert werden. Damit verringern sich auch Gesundheits- und Umweltgefährdung durch die als Holzschutzmittel eingesetzten Bioxide.

Als biologischer Stoff kann Holz problemlos durch Kompostierung oder Verbrennen entsorgt werden. Holz gehört zu den nachhaltigen Quellen von Energie. Alt- und

Uralte Bäume in der Allee St. Emmeram, Regensburg; gestützt von Verstrebungen aus Stahl bleiben sie lebensfähig.

Abfallholz wird zunehmend als Brennmaterial in Biomasekraftwerken zur regenerativen und CO_2-neutralen Energiegewinnung genutzt. Zudem wird Holz seit Jahrtausenden als Brennstoff in Holzöfen eingesetzt. Durch die Entwicklung automatisierter Befeuerungsanlagen für Holzpellets oder Hackschnitzel ist es als Brennstoff dem Öl oder Gas inzwischen nicht nur ökonomisch, sondern auch hinsichtlich des Komforts nahezu gleichwertig. 2006 wurden in Deutschland mit Holz etwa 2 % der Primärenergieversorgung gedeckt.

Bei der Hochtemperatur-Verschwelung können aus Holz und anderen organischen Stoffen chemische Grundstoffe hergestellt werden, die fossile Energiequellen ersetzen können.

Derzeit werden jährlich 3,2 Milliarden m³ Holz geschlagen, davon fast die Hälfte in den tropischen Ländern. Die höchste jährliche Holznutzung findet man mit 2,3 m³/ha in Westeuropa. Beinahe 50 % des weltweit geschlagenen Holzes wird als Brennholz verwendet. Dies liegt vor allem daran, dass in den Ländern der Tropen und in den Oststaaten die Energiegewinnung durch Befeuerung noch immer der wichtigste Grund ist, Holz zu schlagen. Der Brennholzanteil in Westeuropa beträgt nur knapp ein Fünftel des Einschlags. Die waldreichsten Länder Europas sind Finnland, Schweden und mit etwas Abstand Österreich.

In Deutschland werden jährlich etwa 40 Millionen m³ Holz produziert. Die wichtigsten Nutzholzarten sind Fichte, Kiefer, Buche und Eiche. In letzter Zeit steigt die Bedeutung von Holz als Roh- und Werkstoff wieder stark an, da sich das Material als nachwachsender Rohstoff mit geringem Energieaufwand verarbeiten lässt und vollständig verwertet werden kann.

Im Vergleich zum übrigen Europa importiert Deutschland weniger Rohholz. In der Regel wird das Holz bereits in den Herstellungsländern zu Halbwaren (Schnittholz, Holzwerkstoffe, Faserstoffe für Papier, Papier und Pappe) verarbeitet. Die Arbeitslöhne in Deutschland sind zu hoch. Der statistische Vergleich zeigt, dass die Holzimporte aus Nord- und Südamerika, Asien und Afrika sehr gering sind.

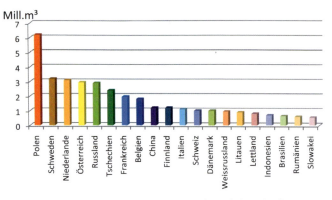

Die wichtigsten Länder für Importe von Holzprodukten in die EU*

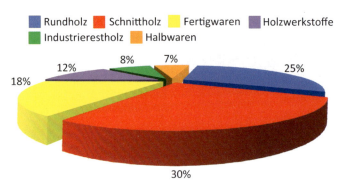

Verteilung der Importe von Holzprodukten in die EU*

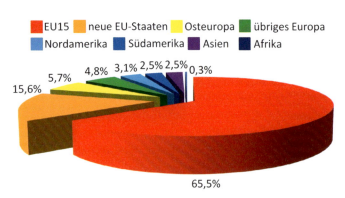

Länder, aus denen Deutschland Holzprodukte importiert*

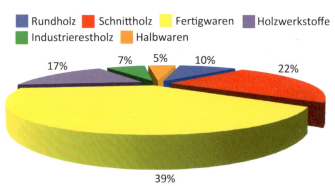

Verteilung der Importe von Holzprodukten in Deutschland*
*Quelle WWF Deutschland, Stand 2006

---

1. Die Polyosen (auch als Hemicellulose bezeichnet) sind ein aus kürzeren, verzweigten Molekülketten aufgebautes Gemisch aus verschiedenen Zuckerbausteinen. Die Polyosen tragen zur Elastizität des Holzes bei.
2. Das Gemisch aus ringförmigen Kohlenwasserstoffen füllt die Lücken zwischen der Zellulose und verleiht den Zellwänden des Holzes Steifigkeit und Druckfestigkeit.
3. Die aus Holz gewonnene Zellulose wird als Zellstoff bezeichnet.

2 Zusammensetzung des Holzes

Holz besteht zum weitaus größten Teil aus Zellulose und den Holzpolyosen[1]. Hinzu kommen Lignin[2], das für die Stabilität des Holzes verantwortlich ist, und Holzinhaltsstoffe, die trotz ihres geringen Anteils die Eigenschaften des Holzes entscheidend beeinflussen. Die chemische Zusammensetzung des Holzes variiert je nach Holzart.

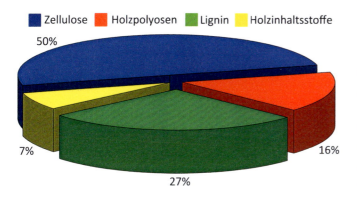

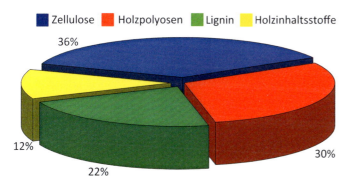

Kiefer (oben) und Eiche: Chemische Zusammensetzung des Holzes (Anteile ca.)

Die wichtigsten Holzbestandteile, ihre Funktion und Auswirkung auf die Oberflächenbehandlung

Zellulose[3] Das aus Glucose[4] aufgebaute fadenförmige Polysaccharid[5] ist die am häufigsten vorkommende organisch-chemische Verbindung. Zellulose ist der Hauptbestandteil der Zellwände im Holz. Sie bildet die Zellwände und ist für die Zug- und Biegefestigkeit des Holzes verantwortlich.

Zellulose ist aufgrund der OH-Gruppen sehr hygroskopisch[6]. Durch die Feuchtigkeitsaufnahme quillt das Holz. Die mechanischen Eigenschaften wie Härte und Festigkeit verringern sich.

Holzpolyosen (Hemizellulose) Das Gemisch aus verschiedenen Zuckerbausteinen ist aus kürzeren, verzweigten Molekülketten aufgebaut. Die Polyosen tragen zur Elastizität des Holzes bei.

Die hydrophilen[7] Polyosen nehmen leicht Wasser auf und beeinflussen dadurch maßgeblich das Arbeiten des Holzes. Die Stoffe sind von den Holzschädlingen leicht abzubauen.

Lignin[8] Das Aromatengemisch[9] füllt die Lücken zwischen der Zellulose und verleiht den Zellwänden Steifigkeit und Druckfestigkeit.

Das Lignin wird vom UV-Licht abgebaut und so wasserlöslich. Dadurch vergraut das Holz. Das Holz saugt dann stärker. Da auf einer zerstörten Ligninschicht keine Beschichtung hält, kommt es zu Abplatzungen.

Gerbstoffe Gerbstoffe sind komplizierte Phenolverbindungen. Sie zersetzen das Pilzeiweiß und schützen so vor Pilzen. Die Gerbstoffe sind wasserlöslich. Sie färben den Kern der Hölzer dunkel. Besonders Eiche enthält viele Gerbstoffe.

Gerbstoffe reagieren mit Abbeizlaugen und/oder Metallen und verfärben dadurch das Holz dunkel. Die Erhärtung von Alkydharzlacken kann verzögert werden. Fungizid eingestellte Beschichtungsstoffe können sich verfärben.

Harze Harze kommen nur bei Nadelhölzern vor. Sie entstehen aus den ätherischen Ölen, die die Bäume bilden. Physiologische Harze sind Nebenprodukte des Stoffwechsels. Pathologische Harze sind krankhafte Ausscheidungen bei Holzverletzungen. Der Harzanteil der Hölzer schwankt stark. Die Kiefer enthält viel Harz, die Fichte wenig.

Harze können die Holzverarbeitung und -bearbeitung, das Schleifen und die Verklebung erschweren. Die Harze werden bei 60 °C (333 K) flüssig und treten aus dem Holz aus. Dichte Beschichtungen werden abgedrückt. Der Harzausfluss lässt sich mit Beschichtungen nicht verhin-

---

4 Glucose ist die häufigste Zuckerart, ein Baustein der Zellulose und der Stärke.
5 Polysaccharide sind hochmolekulare Kohlenhydrate, die sich aus mehr als 10 einfachen Zuckermolekülen zusammensetzen.
6 hygroskopisch = wasseranziehend
7 hydrophil = wasserfreundlich
8 Lignin (von lat. *lignum* Holz) ist der verholzende und festigende, in das Zellulosegerüst eingelagerte Bestandteil des Holzes. Das Lignin bildet ein dreidimensional vernetztes Makromolekül und hat aromatische Grundbausteine, ähnlich dem Phenol.
9 Aromatengemisch = Gemisch aus ringförmigen organischen Molekülverbindungen

dern. Dunkle Beschichtungen führen zu einer stärkeren Aufheizung des Holzes und fördern so den Harzausfluss.
Mineralstoffe Silikate, Karbonate, Phosphate, Sulfate und Oxalate sind in geringen Mengen in Holz enthalten.
Die Mineralstoffe erschweren die mechanische Bearbeitung des Holzes und können helle Flecken verursachen.
Wachse, Fette und **Phenole** Die Stoffe wirken bioxid, gleichzeitig vermindern sie das Saugvermögen.
Wachse, Fette und Phenole können die Erhärtung der Beschichtungsstoffe stören und Glanzflecken verursachen. Zum Absperren eignen sich besonders 2K-Polyurethanharzlacke.
Farbstoffe Diese Holzinhaltsstoffe bestimmen den Farbton des Holzes.
Farbstoffe können die Beschichtungen verfärben. Besonders exotische Hölzer müssen vor der Beschichtung mit wasserverdünnbaren Beschichtungsstoffen mit speziellen Werkstoffen abgesperrt werden.
Geruchsstoffe Die Fettsäuren, Phenole, Terpene, Terpenalkohole und -ketone sind für den Geruch des Holzes verantwortlich.
Phenole können die Erhärtung der Beschichtungen beeinflussen.
Resistenzstoffe Die ätherischen Öle, Chinone, Resinole und Alkaloide schützen das Holz.
Die Beständigkeit und Resistenz gegen Pilze und Insekten wird gefördert. Für den Menschen aber sind Resistenzstoffe bei lang andauerndem Umgang mit dem Holz gesundheitsschädlich.

10 Zellstoff ist die aus Holz gewonnene Zellulose.
11 Viskose ist eine aus Zellulose hergestellte Chemiefaser. Das Ausgangsmaterial ist gebleichter Zellstoff, der mit Natronlauge getränkt wird, so dass sich Alkalicellulose bildet. Durch Zusatz von Schwefelkohlenstoff entsteht Cellulosexanthogenat, das nach einem Reifeprozess durch weitere Zugabe von verdünnter Natronlauge in eine zähflüssige, spinnfähige Lösung (Viskoselösung) überführt wird. Diese wird nach dem Nassspinnverfahren zu Viskosefasern aus-

3 Holz als Chemierohstoff

In der Bundesrepublik Deutschland werden jährlich mehr als 7,5 Millionen m³ Holz zur Herstellung von Zellstoff[10], Papier und Pappe verwendet. Dies macht den größten Teil der chemischen Holzverwertung aus. Neben den Durchforstungshölzern (Hölzer, die bei der Waldpflege entfernt werden) werden dazu vor allem Resthölzer, zum Beispiel Sägemehl und Hackschnitzel aus der Sägeindustrie, eingesetzt. Zellstoff ist der Grundstoff für die Herstellung von Papieren und Kartonagen, von Windeln, Wischtüchern und Papiertaschentüchern.

Weitere wichtige chemische Nutzungen des Holzes:
– Verwendung der chemischen Hauptbestandteile Zellulose, Polyosen und Lignin für Viskose[11], Kunststoffe, Leime und Kleister, Lackbindemittel und Zellglas[12].
– Aufspaltung der chemischen Hauptbestandteile Zellulose, Polyosen und Lignin zum Alkohol Methanol[13], zu Futterhefen, Furfural und Vanillin[14].
– Verwertung der Holzinhaltsstoffe, zum Beispiel Terpentinöl als Lösemittel und Gerbstoffe.

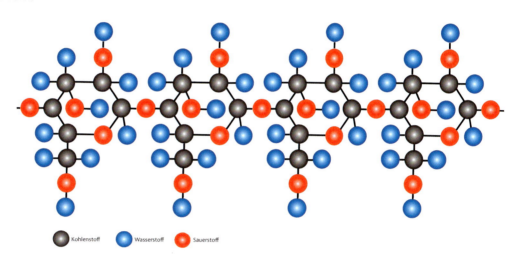

Ausschnitt aus einem Zellulosemolekül, dem Hauptbestandteil des Holzes

● Kohlenstoff ● Wasserstoff ● Sauerstoff

Bei der Herstellung von Holzstoff oder Holzschliff als Grundstoff für Pappen und minderwertige Papiere verbleibt das Lignin in der Fasermasse. Papier aus Zellstoff erhielt früher die Bezeichnung »holzfrei«.
Für die Zellstoffherstellung muss das Lignin aus dem Fasergrundstoff weitgehend entfernt werden. Gängige Aufschlussverfahren sind das Sulfat- und das Sulfitverfahren. Das dabei noch übrigbleibende Lignin wird durch Bleichen des Zellstoffs beseitigt.

---

gesponnen. Viskose ähnelt in ihren Eigenschaften der Baumwolle. Sie zeichnet sich durch weichen Griff, gutes Wasseraufnahmevermögen und sehr gute Anfärbbarkeit aus, ist aber nicht so nassfest wie Baumwolle. Sie wird für Bekleidungstextilien, Möbel- und Dekostoffe sowie technische Textilien verwendet. Durch Abwandlungen des Viskosespinnverfahrens lassen sich die Gebrauchseigenschaften erheblich verbessern. So entstehen die *Modalfasern*.
12 Zellglas ist eine dünne, glasklare Kunststofffolie aus Viskose, z. B. Markenname *Cellophan*.
13 Früher wurde der Alkohol Methanol (Trivialname Holzgeist) aus Holz gewonnen. Heute wird Methanol aus der Kohlevergasung oder aus Erdgas und schweren Rückstandsölen von Erdöl hergestellt
14 Vanillin wird anstelle der teuren natürlichen Vanille in großem Umfang als Geschmacksstoff in Süßwaren, Schokolade, Backwaren, Likören usw. verwendet. Der Vanillingehalt in den Weinfässern trägt zur Aromatisierung des Weins bei.

4 Aufbau des Holzes

Der Querschnitt eines Holzstamms zeigt den Aufbau des Holzes.

Der Holzaufbau

Mark Das dunkle, runde Mittelstück des Stammes übernimmt beim jungen Spross die Funktion der Wasserleitung und -speicherung, stirbt aber früh ab und ist dann funktionslos. In Bau-, Möbel- und Schnitzholz muss das Mark wegen seiner Anfälligkeit entfernt werden.

Jahrring Der ringförmige Zuwachs des Baums bildet sich innerhalb eines Jahres. Ein Jahrring wird vom helleren Früh- und dunkleren Spätholz gebildet.

Frühholz Diese Zellen bilden sich beim schnellen Wachstum der Zellen in der saftreichen Zeit. Die Zellen sind größer als die von Spätholz, die Zellwände sind dünner und erscheinen dadurch heller.

Spätholz Diese Zellen bilden sich beim langsameren Wachstum der Zellen in der saftärmeren Zeit. Die Zellen sind kleiner als die von Frühholz, die Zellwände sind dicker und erscheinen dadurch dunkler.

Kernholz Diese innere Holzschicht des Stammes enthält keine lebenden Zellen mehr und kann keine Wasserleitfunktion übernehmen. Durch die Einlagerung von Gerbstoffen, Farbstoffen usw. ist das Holz häufig dunkler und beständiger gegen Feuchtigkeit und Holzschädlinge.

Splintholz Diese äußere Holzschicht des Stamms (zwischen Kambium und Kernholz) besteht aus meist lebenden Zellen. Der Splint hat Wasserleitfunktion und dient zum Teil der Speicherung von Nährstoffen. Splintholz ist sehr anfällig gegen Holzschädlinge.

Markstrahlen (Holzstrahlen) Diese von Holzzellen gebildeten Versorgungsstraßen leiten die Nahrungsstoffe vom äußeren Teil des Stammes zum inneren. Trocknet das Holz zu schnell aus, reißt es entlang den Markstrahlen. Derartige Risse kann man besonders häufig an Balken feststellen.

Kambium Diese Wachstumsschicht liegt zwischen Splintholz und Bast. In ihr werden die neuen Holzzellen gebildet. Nach außen bildet sich Bast, nach innen Holz.

Bast Dieses Gewebe ist die sekundäre Rinde, die beim Dickenwachstum von Stämmen nach außen hin neu gebildet wird.

Borke Diese Schicht ist beim Holz das außen auf den Bast folgende abgestorbene Gewebe.

Rinde Diese äußere Schicht des Baums besteht aus Borke und Bast.

4.1 Nadelholz

Als Bauholz werden in Deutschland meist Nadelhölzer eingesetzt. Nadelbäume gibt es seit ca. 275 Millionen Jahren, sie sind entwicklungsgeschichtlich älter als Laubbäume, die es seit ca. 65 Millionen Jahren gibt. Das Nadelholz ist sehr einfach aufgebaut, sein Gewebe wird von nur zwei Zellarten gebildet.

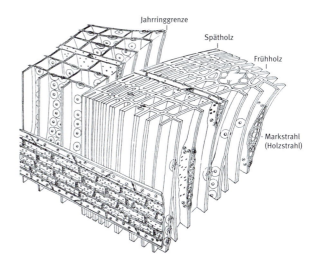

Makroskopisches Bild eines Nadelholzes

Zellarten des Nadelholzes

Tracheiden Die langgestreckten, vier bis sechseckigen Zellen haben bei 3 mm bis 4 mm Länge eine nur sehr geringe Breite. Sie sind mit 90 % bis 95 % die mengenmäßig größte Gruppe der Zellarten im Nadelholz. Tracheiden dienen dem Nahrungstransport und der Festigkeit (Stabilität) des Holzes. Die Tracheiden der Holzstrahlen (Markstrahlen) sind von außen nach innen angeordnet und dienen der Nahrungsversorgung. Beim Austrocknen des Holzes bilden sich an Balken häufig Risse im Holzstrahlenverlauf.

Parenchym Die dünnwandigen, kleinen, nahezu rechteckigen Zellen dienen der Stoffspeicherung. In radialer Richtung bilden sie als Holzstrahlparenchym den Großteil des Holzstrahlgewebes. Die die Harzkanäle umgebenden Parenchymzellen produzieren das Harz, das sie in den Harzkanal ausscheiden. Bei einzelnen Holzarten, zum Beispiel Fichte und Tanne, fehlen diese Zellarten.

Der Nahrungstransport von Zelle zu Zelle wird durch Öffnungen in den Zellwänden, Hoftüpfel genannt, möglich. Die Tüpfel verschließen sich im Kernholz, zum Teil auch im Splintholz, wenn die Feuchtigkeit im trocknenden Holz unter 30 % sinkt. Dadurch reduziert sich das Saugvermögen des Holzes und damit die Möglichkeit, Holzschutzmittel und Imprägnierungen aufzunehmen.

Harzkanäle entstehen durch das Auseinanderweichen von Parenchymzellen und die Einlagerung von Harz. Diese Harzgänge kommen bei den Holzarten Kiefer, Douglasie, Lärche und Fichte vor. Tanne, Wacholder und Eibe sind nahezu harzfrei.

Die Dichte der Nadelhölzer liegt zwischen 430 kg/m³ und 630 kg/m³. Nadelhölzer sind aufgrund ihrer geringen Dichte relativ weich.

4.2 Laubholz

Die Laubhölzer sind zwar jünger, aber wesentlich weiter entwickelt und komplizierter aufgebaut als die Nadelhölzer.

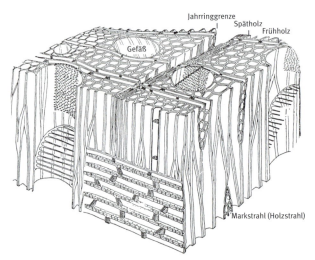

Makroskopisches Bild eines Laubholzes

Zellarten des Laubholzes

Tracheiden Die langgestreckten, vier bis sechseckigen Zellen haben bei 3 mm bis 4 mm Länge nur sehr geringe Breite. Tracheiden dienen im Laubholz der Festigkeit (Stabilität). Die Tracheiden der Holzstrahlen (Markstrahlen) sind von außen nach innen angeordnet und dienen der Nahrungsversorgung. Beim Austrocknen des Holzes bilden sich an Balken im Holzstrahlenverlauf häufig Risse.

Parenchym Die dünnwandigen, kleinen, nahezu rechteckigen Zellen dienen der Stoffleitung und -speicherung. Parenchymzellen kommen in Laubholz häufiger vor als in Nadelholz.

Libriformzellen Die sehr spitz zulaufenden Zellen verkeilen sich untereinander und mit den Tracheen. Sie übernehmen so gemeinsam mit den Tracheiden die mechanische Festigung des Holzes.

Tracheen Die langgestreckten, runden oder ovalen Zellen bilden Gefäße, deren Querwände ganz oder teilweise geöffnet sind.

Als Bau- und Ausbauhölzer eingesetzte Laubhölzer weisen sehr unterschiedliche Dichten zwischen 630 kg/m³ und 1040 kg/m³ auf. So findet man unter den Laubhölzern Weich- und Harthölzer. Viele Laubhölzer haben Gefäße (Poren), die das Saugvermögen entscheidend beeinflussen. Diese in Nadelhölzern nicht vorhandenen Gefäße sind charakteristisch für Laubhölzer. Sie sind oft mit bloßem Auge als kleine Poren im Holzquerschnitt und als Rillen im Tangentialschnitt zu erkennen, übernehmen im Holz den Wassertransport und beeinflussen das Saugvermögen. Man unterscheidet:
– ringporige Laubhölzer,
– zerstreutporige Laubhölzer,
– grobporige Laubhölzer,
– feinporige Laubhölzer.

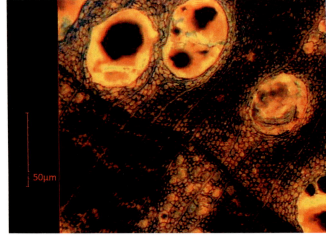

Poren eines Laubholzes unter dem Mikroskop

Beispiele für Hölzer in makroskopischer Ansicht

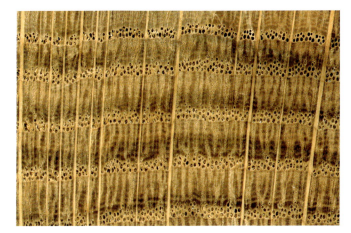

Eiche, ein fein ringporiges Laubholz mit vertikal verlaufenden Holzstrahlen

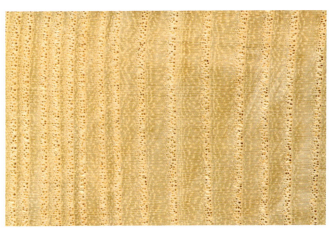

Esche, ein feinringporiges Laubholz

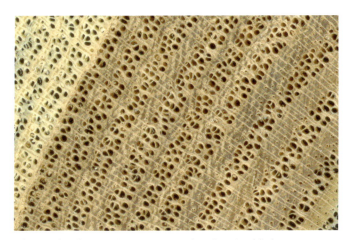

Johannesbrotbaum, ein zerstreut-grobporiges Laubholz

Wenge, ein exotisches, zerstreut-grobporiges Laubholz

Rüster (Ulme), ein fein ringporiges Laubholz

Weißbuche, ein zerstreut-, sehr feinporiges Laubholz

Rüster (Ulme), ein fein ringporiges Laubholz

Erle, ein zerstreut-, sehr feinporiges Laubholz

Zum Vergleich zwei Beispiele von Nadelhölzern in makroskopischer Ansicht

Nadelhölzer, hier zum Beispiel die Kiefer, Haben keine Poren

Beispiel Nadelholz, Lärche

5 Holzgewinnung

Das Alter, in dem Bäume am zweckmäßigsten gefällt (geschlagen) werden, ist von der Baumart und den klimatischen Bedingungen während des Wachstums abhängig. Das Fällen der Bäume wird als Einschlagen bezeichnet.

Baumarten und ihr typisches Einschlagalter

Kiefer, Lärche, Ulme	70–80 Jahre
Fichte, Tanne, Esche, Nussbaum, Linde	80–100 Jahre
Birke, Erle, Silberpappel	40–50 Jahre
Eiche, Kastanie	80–150 Jahre
Buche	80–100 Jahre
Ahorn, Kirsche, Zeder	40–60 Jahre

Ein zu junger Baum hat einen nur geringen Baumquerschnitt und noch viel weiches Holz, das für Holzschädlinge anfällig ist. Der innere Kern sehr alter Bäume ist häufig bereits durch Fäule zerstört.

Die beste Jahreszeit zum Fällen ist das Ende des Winters, vor Beginn der neuen Wachstumsperiode im Frühjahr. Die Bäume enthalten in dieser Zeit nur wenig Saft, wodurch die Gefahr von Holzschädlingsbefall geringer ist. Aber auch die Eigenschaften des Holzes in der Verwendung hängen von der Zeit der Fällung ab. So klingen für Geigen- und Gitarrenbauer Instrumente aus Holz von Bäumen, die in der saftarmen Zeit geschlagen wurden, besser.

Die Bäume werden von Hand mit Äxten geschlagen, heute aber meist mit Motorsägen geschnitten oder mit Spezialsägen auf Fahrzeugen gefällt. Nachdem die Baumstämme geschlagen sind, werden die Äste entfernt und die Stämme in der gewünschten Länge abgelängt[15] (abgeschnitten). Mit den speziellen Fahrzeugen können die Stämme vollautomatisch entastet, entrindet und abgelängt werden. Danach folgt die Sortierung nach Verwendung. Je nach Stammquerschnitt und Astigkeit[16] werden die Baumstämme in Güteklassen eingeteilt.

5.1 Rundholz

Das entastete, entrindete und abgelängte Holz wird als Rundholz bezeichnet. Für die Einteilung in Güteklassen ist die Astigkeit des Holzes sehr wichtig. Diese nimmt am Baum von unten nach oben zu und bestimmt die Einteilung des Stamms in drei Abschnitte: Der untere Teil wird als Erdstamm bezeichnet, es folgen der Mittelstamm und das obere Zopfstück. Das weitgehend astfreie Holz aus Erd- und Mittelstamm wird vorwiegend für Schreinerarbeiten (Tischlerarbeiten), das astreiche Holz des Zopfstückes vorwiegend für Bauholz oder für Holzwerkstoffe eingesetzt.

Abgelängtes, entrindetes Holz in einem Großsägewerk in Österreich; im Gebäude oben links werden Rinde und Sägespäne für die weitere Verwendung gelagert.

---

15 Ablängen ist der Fachbegriff für das Zuschneiden des Holzes in der gewünschten Länge.
16 Astigkeit ist der Anteil der Äste.

Aus der Länge des Rundholzes und dem Stammdurchmesser lässt sich das Holzvolumen berechnen. Stammdurchmesser, gemessen in der Mitte des entrindeten Stamms, und Güteklasse bestimmen den Kubikmeterpreis des Rohholzes.

Das Rundholz, das entastete, entrindete und abgelängte Holz, wird in folgenden Güteklassen verwertet (gilt für Nadel- und Laubholz)[17]:

A Gesundes Holz mit ausgezeichneten Eigenschaften, fehlerfrei oder nur mit unbedenklichen Fehlern, die seine Verwendung nicht beeinträchtigen.
B Holz von normaler Qualität einschließlich stammtrockenen Holzes, mit einem oder mehreren der folgenden Fehler:
   – schwache Krümmung
   – schwacher Drehwuchs
   – geringe Abholzigkeit
   – einige gesunde Äste von kleinem oder mittlerem Durchmesser, jedoch nicht grobastig[18]
   – geringe Anzahl kranker Äste von geringem Durchmesser
   – leicht exzentrischer Kern
   – einige Unregelmäßigkeiten des Umrisses
C Holz, das wegen seiner Fehler nicht in die Güteklasse A oder B aufgenommen, jedoch gewerblich genutzt werden kann; dazu zählen
   – stark astiges Holz
   – stark abholziges Holz
   – stark drehwüchsiges Holz
   – Holz mit tiefgehenden faulen Ästen
   – Holz mit Rot- und Weißfäule
   – Holz mit wesentlichen Pilz- und Insektenzerstörungen
   – Holz mit weitgehender Ringschäle
D Holz, das wegen seiner Fehler nicht in die Güteklasse A, B oder C aufgenommen werden kann, jedoch zu mindestens 40 % gewerblich, das heißt zumindest zur Herstellung von Schichtholz genutzt werden kann.

Stark anbrüchige oder stark gekrümmte Stücke scheiden in der Güteklasse D aus.

5.2 Schnittholz

Schnittholz ist ein Holzerzeugnis, das durch Sägen von Rundholz parallel zur Stammachse hergestellt wird. Es kann scharfkantig sein oder Baumkanten aufweisen.
Aus Kostengründen versucht man, durch die Art des Holzeinschnitts[19] den Stamm möglichst vollständig auszunutzen und den Verschnitt gering zu halten. Sinnvoll ist es, die Schnitte so zu führen, dass es beim Austrocknen zu möglichst wenigen Holzverformungen kommt. Um Zeit und damit Geld zu sparen, wird dies leider in Mitteleuropa nur mehr selten für ausgesuchte Hölzer berücksichtigt.
Der Einschnitt erfolgt in Sägewerken mit handbetriebenen, heute meist computergestützten Sägewerksmaschinen. Sind die Baumstämme noch nicht entrindet, geschieht dies hier maschinell. Die Rinde und die beim Einschnitt anfallenden Sägespäne werden als Brennstoff verwertet, sie dienen im Gartenbau der Verbesserung des Bodens oder werden in der Holzindustrie zu Span- oder Holzfaserplatten verarbeitet.
In die vertikal arbeitenden Gattermaschinen sind bis zu 30 Sägeblätter eingespannt. So lassen sich auch dicke Stämme in einem Arbeitsgang schneiden. Natürlich können auch Kreis- und Bandsägen eingesetzt werden. Bauholz wird anschließend mit einer Kappsäge abgelängt[20]. In der Regel wird das Holz noch rechtwinkelig zugeschnitten, so werden die sichtbaren Baumkanten entfernt; man bezeichnet dies als Säumen der Bretter. Zu unterscheiden sind gesäumte Bretter, an denen die Baumkanten abgeschnitten sind, so dass rechtwinkelige Kanten entstehen, und ungesäumte, an denen die Baumkanten noch vorhanden sind. Im Handel finden sich meist nur gesäumte gehobelte und nicht gehobelte Bretter.
Frisch eingeschnittenes Holz hat zunächst noch keine bauaufsichtliche Zulassung für die Verwendung als Bauholz für tragende oder aussteifende Zwecke. Es muss zuerst auf eine Holzfeuchte[21] von max. 20 % getrocknet und dann anhand der Kriterien in der DIN 4074 *Sortieren von Holz nach der Tragfähigkeit* sortiert werden. Nur Holz, das diese Sortierkriterien erfüllt, darf für tragende oder aussteifende Zwecke am Bau verwendet werden.
Auch die Sortierung nach den Tegernseer Gebräuchen ist üblich. Sie gelten für den inländischen Handel mit inländischem Rundholz und Schnittholz sowie für Holzwerk-

---

17 Die dabei genannten Holzfehler werden weiter unten eingehend erläutert (Seite 33 ff.).
18 Keine Äste mit großem Durchmesser.
19 Holzeinschnitt ist der Fachbegriff für Holzzuschnitt.
20 Ablängen ist der Fachausdruck für das Zuschneiden der Balken, Bretter oder Latten in gewünschter Länge.
21 Holzfeuchtigkeit siehe Seite 81 ff.

stoffe. Sie sind Handelsbrauch und Verkehrssitte. Sie gelten nicht im Handel zwischen den Forstwirtschaften und ihren Abnehmern und finden im Baurecht keine Anwendung. Das Baurecht bezieht sich auf die DIN 1052 *Berechnung und Bemessung von Holzbauwerken – Allgemeine Bemessungsregeln und Bemessungsregeln für den Hochbau* und die DIN 4074-1 *Sortierung von Holz nach der Tragfähigkeit – Teil 1: Nadelschnittholz.* Beide Normen sind bauaufsichtlich eingeführt.

Häufige Einschnittarten

Einstieliger Einschnitt wird gewählt, wenn Balken produziert werden sollen. Die Seitenteile werden zu Brettern geschnitten, die aber auf den beiden breiten Seiten den Tangentialschnitt zeigen und sich beim Austrocknen nach außen krümmen. Die beiden Schmalseiten der Bretter zeigen den Diagonalschnitt und sind bei Feuchtigkeitsaufnahme stabiler.

Zweistieliger Einschnitt wird gewählt, wenn schmale Balken produziert werden sollen. Die Seitenteile werden zu Brettern geschnitten, die aber auf den beiden breiten Seiten den Tangentialschnitt zeigen und sich beim Austrocknen nach außen krümmen. Die beiden Schmalseiten der Bretter zeigen den Diagonalschnitt und sind bei Feuchtigkeitsaufnahme stabiler.

Dreistieliger Einschnitt wird gewählt, wenn schmale Balken produziert werden sollen. Die Seitenteile werden zu Brettern geschnitten, die aber auf den beiden breiten Seiten den Tangentialschnitt zeigen und sich beim Austrocknen nach außen krümmen. Die beiden Schmalseiten der Bretter zeigen den Diagonalschnitt und sind bei Feuchtigkeitsaufnahme stabiler.

Vierstieliger Einschnitt wird gewählt, wenn kleine Balken produziert werden sollen. Die Seitenteile werden zu Brettern geschnitten, die aber auf den beiden breiten Seiten den Tangentialschnitt zeigen und sich beim Austrocknen nach außen krümmen. Die beiden Schmalseiten der Bretter zeigen den Diagonalschnitt und sind bei Feuchtigkeitsaufnahme stabiler.

Sechsfachschnitt wird gewählt, wenn kleine Balken produziert werden sollen. Die Seitenteile werden zu Brettern geschnitten, die aber auf den beiden breiten Seiten den Tangentialschnitt zeigen und sich beim Austrocknen nach außen krümmen. Die beiden Schmalseiten der Bretter zeigen den Diagonalschnitt und sind bei Feuchtigkeitsaufnahme stabiler.

Spiegelschnitt vermeidet den Tangentialschnitt. Es entstehen formstabile Bretter, die kaum zu Verwerfungen neigen. Das Markstück wird herausgeschnitten. Die Bretter sind allerdings schmäler.

Einfachschnitt ist mit geringstem Zeitaufwand durchzuführen; er wird daher in Mitteleuropa am häufigsten verwendet. Die Bretter sind so breit wie der Stamm. Das Mittelbrett enthält in der Mitte den Kern und außen das wasserreiche Splintholz, ist daher sehr inhomogen. Die anderen Bretter zeigen alle mehr oder weniger den Tangentialschnitt und krümmen sich beim Austrocknen nach außen.

Radialschnitt nach der Drehmethode Der Stamm wird geviertelt. Jedes Stammviertel wird für sich nach jedem Schneidevorgang gedreht. Das Markstück wird herausgeschnitten. Es entstehen sehr formstabile Bretter, allerdings unterschiedlich breit.

Neben diesen Schnittarten gibt es weitere, bei denen jedoch Zeitaufwand und Materialverlust so groß sind, dass sie nur in Ausnahmefällen angewandt werden.

Bezeichnungen der Schnittarten am Beispiel eines Kiefernholzes:
Oben und unten: Querschnitt (Hirnschnitt)
Mitte, von links nach rechts: Radialschnitt, Tangentialschnitt,
Radialschnitt, Tangentialschnit

Der Tangentialschnitt wird auch als Fladernschnitt bezeichnet. Da die Jahrringe schräg angeschnitten werden, entsteht ein lebhaftes Holzbild (Textur). Die der Stammmitte nähere Holzseite wird als rechte Seite, die andere als linke Seite des Holzes bezeichnet.

Das durch die anatomische Struktur sowie Breite und Regelmäßigkeit der Jahrringe bestimmte Holzbild nennt man Textur.

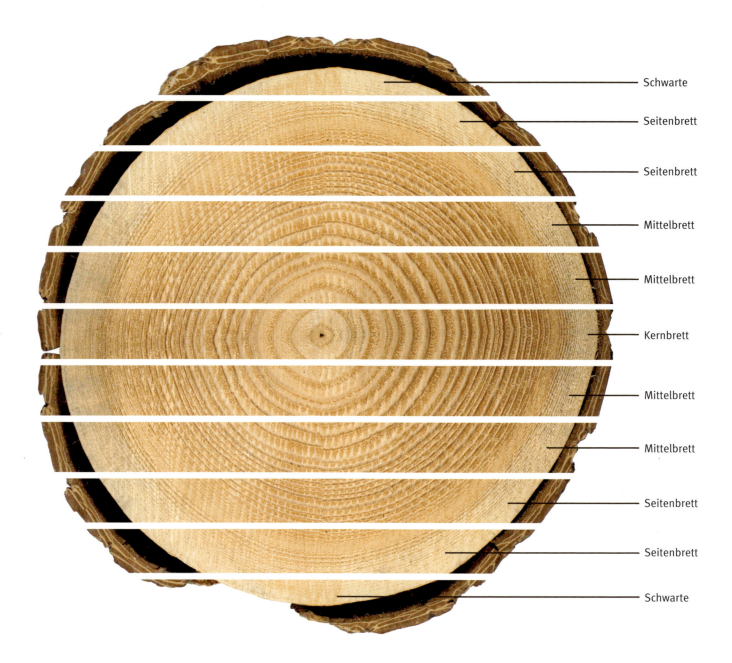

Bezeichnungen der Brettarten, die durch Einfachschnitt entstehen

Das nach dem Aufschneiden eines Stammes zur ursprünglichen Stammform zusammengelegte, ungesäumte Holz ohne Schwarte wird als Blockware bezeichnet. Beim gesäumten Holz sind die Kanten rechtwinkelig zugeschnitten. Die Verwendung von Holz mit sichtbaren Baumkanten ist teilweise zulässig, wenn diese nach dem Einbau verdeckt und nicht sichtbar sind.

Die Brettarten verformen sich je nach Schnittart, Radialschnitt oder Tangentialschnitt, bei Feuchtigkeitseinwirkung mehr oder weniger stark und unterschiedlich.

Sortierklassen nach DIN 4074 für Kanthölzer und vorwiegend hochkant (K) biegebeanspruchte Bohlen und Bretter aus Nadelholz

Sortiermerkmale (Visuelle Sortierung)	Sortierklassen S 7, S 7K	Sortierklassen S 10, S 10K	Sortierklassen S 13, S 13 K
Äste	≤ 3/5 Ästigkeit	≤ 2/5 Ästigkeit	≤ 1/5 Ästigkeit
Faserneigung	≤ 16 %	≤ 12 %	≤ 7 %
sichtbare Markröhre*	zulässig	zulässig	nicht zulässig
Jahrringbreite – allgemein – Douglasie	≤ 6 mm ≤ 8 mm	≤ 6 mm ≤ 8 mm	≤ 4 mm ≤ 6 mm
Risse – Schwindrisse – Blitzrisse/Ringschäle	≤ 3/5 der kurzen Kante nicht zulässig	≤ 3/5 der kurzen Kante nicht zulässig	≤ 3/5 der kurzen Kante nicht zulässig
Baumkante	≤ 1/3 der Querschnittseite	≤ 1/3 der Querschnittseite	≤ 1/4 der Querschnittseite
Krümmung – Längskrümmung – Verdrehung	≤ 12 mm bei 2 mm Länge ≤ 2 mm je 25 mm Breite/2 m	≤ 8 mm bei 2 mm Länge ≤ 1 mm je 25 mm Breite/2 m	≤ 8 mm bei 2 mm Länge ≤ 1 mm je 25 mm Breite/2 m
Verfärbung – Bläue – nagelfeste braune und rote Streifen – Rotfäule/Weißfäule	zulässig 3/5 Umfang nicht zulässig	zuläsig 2/5 Umfang nicht zulässig	zulässig 1/5 Umfang nicht zulässig
Druckholz	3/5 Umfang	2/5 Umfang	1/5 Umfang
Insektenfraß	Fraßgänge bis 2 mm von Frischholzinsekten sind zulässig		

* Markröhren sind bei Kantholz mit einer Breite < 120 mm zulässig

Sortierklassen nach DIN 4074 für Kanthölzer und vorwiegend hochkant (K) biegebeanspruchte Bohlen und Bretter aus Laubholz

Sortiermerkmale (Visuelle Sortierung)	Sortierklassen LS 7, LS 7K	Sortierklassen LS 10, LS 10K	Sortierklassen LS 13, LS 13 K
Äste – allgemein – Eiche	≤ 3/5 Ästigkeit ≤ 3/5 Ästigkeit	≤ 2/5 Ästigkeit ≤ 2/5 Ästigkeit	≤ 1/5 Ästigkeit ≤ 1/6 Ästigkeit
Faserneigung	≤ 16 %	≤ 12 %	≤ 7 %
sichtbare Markröhre	nicht zulässig	nicht zulässig	nicht zulässig
Risse – Schwindrisse – Blitzrisse/Ringschäle	≤ 3/5 der kurzen Kante nicht zulässig	≤ 1/2 der kurzen Kante nicht zulässig	≤ 2/5 der kurzen Kante nicht zulässig
Baumkante	≤ 1/3 der Querschnittseite	≤ 1/3 der Querschnittseite	≤ 1/4 der Querschnittseite
Krümmung – Längskrümmung – Verdrehung	≤ 12 mm bei 2 m Länge ≤ 2 mm je 25 mm Breite/2 m	≤ 8 mm bei 2 m Länge ≤ 1 mm je 25 mm Breite/2 m	≤ 8 mm bei 2 m Länge ≤ 1 mm je 25 mm Breite/2 m
Verfärbung – nagelfeste braune und rote Streifen – Rotfäule/Weißfäule	3/5 Umfang nicht zulässig	2/5 Umfang nicht zulässig	1/5 Umfang nicht zulässig
Insektenfraß	Fraßgänge bis 2 mm von Frischholzinsekten sind zulässig		

Sortierklassen nach DIN 4074 für Bohlen und Bretter aus Nadelholz

Sortiermerkmale (Visuelle Sortierung)	Sortierklassen S 7	Sortierklassen S 10	Sortierklassen S 13
Äste – Einzelast – Astansammlung – Schmalseitenast	≤ ½ der Breite ≤ ⅔ der Breite 	≤ ⅓ der Breite ≤ ½ der Breite ≤ ⅔ der Breite	≤ ⅕ der Breite ≤ ⅓ der Breite ≤ ⅓ der Breite
Faserneigung	≤ 16 %	≤ 12 %	≤ 7 %
sichtbare Markröhre*	zulässig	zulässig	nicht zulässig
Jahrringbreite – allgemein – Douglasie	 ≤ 6 mm ≤ 8 mm	 ≤ 6 mm ≤ 8 mm	 ≤ 4 mm ≤ 6 mm
Risse – Schwindrisse – Blitzrisse/Ringschäle	 zulässig nicht zulässig	 zulässig nicht zulässig	 zulässig nicht zulässig
Baumkante	≤ ⅓ der Querschnittseite	≤ ⅓ der Querschnittseite	≤ ¼ der Querschnittseite
Krümmung – Längskrümmung – Verdrehung – Querkrümmung	 ≤ 12 mm bei 2 m Länge ≤ 2 mm je 25 mm Breite/2 m ≤ 1/20 der Breite	 ≤ 8 mm bei 2 m Länge ≤ 1 mm je 25 mm Breite/2 m ≤ 1/30 der Breite	 ≤ 8 mm bei 2 m Länge ≤ 1 mm je 25 mm Breite/2 m ≤ 1/50 der Breite
Verfärbung – Bläue – nagelfeste braune und rote Streifen – Rotfäule/Weißfäule	 zulässig ⅗ Umfang nicht zulässig	 zulässig ⅖ Umfang nicht zulässig	 zulässig ⅕ Umfang nicht zulässig
Druckholz	⅗ Umfang	⅖ Umfang	⅕ Umfang
Insektenfraß	Fraßgänge bis 2 mm von Frischholzinsekten sind zulässig		

* Markröhren sind bei Brettschichtholz zulässig

Sortierklassen nach DIN 4074 für Bohlen und Bretter aus Laubholz

Sortiermerkmale (Visuelle Sortierung)	Sortierklassen LS 7, LS 7K	Sortierklassen LS 10, LS 10K	Sortierklassen LS 13, LS 13 K
Äste – Einzelast – Astansammlung – Schmalseitenast	≤ ½ der Breite ≤ ⅔ der Breite 	≤ ⅓ der Breite ≤ ½ der Breite ≤ ⅔ der Breite	≤ ⅕ der Breite ≤ ⅓ der Breite ≤ ⅓ der Breite
Faserneigung	≤ 16 %	≤ 12 %	≤ 7 %
sichtbare Markröhre*	nicht zulässig	nicht zulässig	nicht zulässig
Risse – Schwindrisse – Blitzrisse/Ringschäle	≤ ⅗ der kurzen Kante nicht zulässig	≤ ½ der kurzen Kante nicht zulässig	≤ ⅖ der kurzen Kante nicht zulässig
Baumkante	≤ ⅓ der Querschnittseite	≤ ¼ der Querschnittseite	≤ ⅛ der Querschnittseite
Krümmung – Längskrümmung – Verdrehung – Querkrümmung	≤ 12 mm bei 2 m Länge ≤ 2 mm je 25 mm Breite/2 m ≤ 1/20 der Breite	≤ 8 mm bei 2 m Länge ≤ 1 mm je 25 mm Breite/2 m ≤ 1/30 der Breite	≤ 8 mm bei 2 m Länge ≤ 1 mm je 25 mm Breite/2 m ≤ 1/50 der Breite
Verfärbung – nagelfeste braune und rote Streifen – Fäule	⅗ Umfang nicht zulässig	⅖ Umfang nicht zulässig	⅕ Umfang nicht zulässig
Insektenfraß	Fraßgänge bis 2 mm von Frischholzinsekten sind zulässig		

* Markröhren sind bei Eiche zulässig

Je nach Verwendung können für die Erzeugnisse unterschiedliche Normen mit unterschiedlichen Maßdefinitionen gelten.

Bezeichnung	DIN 68252		DIN 4074 (für *Bauholz*)		andere	
	Dicke d	Breite b	Dicke d	Breite b	Dicke d	Breite b
Kantholz	≥ 60 mm	≤ 3 × d	≥ 40 mm	≤ 3 × d		
Bohle	≥ 40 mm	≥ 2 × d	≥ 40 mm	≥ 3 × d		
Brett	8 mm ≤ d ≤ 40 mm	≤ 80 mm	≤ 40 mm	≥ 80 mm		
Latte	(A ≤ 32 cm²)	≤ 80 mm	≤ 40 mm	< 80 mm		
Leiste					3 .. < 16 mm	< 80 mm
Furnier					< 3 mm	≥ 80 mm
Furnierstreifen					< 3 mm	< 80 mm

5.3 Holz für Tischlerarbeiten

Holz für Tischler- beziehungsweise Schreinerarbeiten ist in der Regel sehr hochwertig. Die Hölzer werden entsprechend den Erfordernissen der Bauteile ausgewählt.

Kriterien für die Auswahl der Hölzer für Tischlerarbeiten:
Ästhetik   Farbton, Maserung, Eignung für die gewünschte Oberflächenbehandlung
Wirtschaftlichkeit   Kosten und Verfügbarkeit
mechanische Eigenschaften   Härte, Festigkeit, Abriebverhalten, Wuchseigenschaften
Bearbeitbarkeit   maschinelle Bearbeitungsmöglichkeit, Biegefähigkeit, Trocknungsverhalten
Dauerhaftigkeit   natürliche Haltbarkeit

Die DIN EN 942 sieht für die Holzbestellung folgende Details vor:
– Namen der geforderten Holzart
– geforderte Klasse nach der angegebenen Sortierung
– geforderter Feuchtegehalt, dem jeweiligen Verwendungszweck entsprechend
– Verwendungszweck nach dem Einbau
– geforderte Beschichtung durchsichtig oder deckend

Einstufung der Holzmerkmale fertig bearbeiteter sichtbarer Flächen von Tischlerarbeiten

Merkmale		Klasse J2	Klasse J 10	Klasse J 30	Klasse J 40	Klasse J 50
Äste		max. 2 mm	30 % max. 10 mm	30 % max. 30 mm	40 % max. 40 mm	50 % max. 50 mm
Risse	max. Breite	unzulässig	0,5 mm		1,5 mm, wenn ausgebessert	
	max. Tiefe		⅛ der Dicke des Teiles		¼ der Dicke des Teiles	
	max. Einzellänge		100 mm	200 mm	300 mm	
	max. Gesamtlänge		10 %	25 %	50 %	
Harzgallen		unzulässig	zulässig bis 75 mm Länge, wenn ausgebessert und eine deckende Beschichtung vorgesehen ist		zulässig, wenn ausgebessert ist	
Rindeneinschlüsse		unzulässig	zulässig bis 75 mm Länge, wenn ausgebessert und eine deckende Beschichtung vorgesehen ist		zulässig, wenn ausgebessert ist	
verfärbter Splint, einschl. Bläue		unzulässig			zulässig bei deckenden Beschichtungen oder wenn als Merkmal erwünscht	
freiliegendes Mark		unzulässig			zulässig, wenn ausgebessert	
Schädigung durch Ambrosiakäfer*		unzulässig	zulässig, wenn ausgebessert			

* Ambrosiakäfer sind Splinholzkäfer, die von den Ambrosiapilzen im Holz leben. Die Käfer fördern wiederum das Wachstum der Ambrosiapilze durch Kot und andere Ausscheidungsprodukte. So bilden sie eine stabile Lebensgemeinschaft.

Die Holzarten müssen für den Verwendungszweck geeignet sind. Splint ist zulässig. Besondere Anforderungen an die Farbabstimmung sollten vereinbart werden. Auch Breiten- und Schichtverleimung sowie Keilverzinkung sind zulässig.

Auf verdeckten Flächen[22] sind alle in der Tabelle aufgeführten Merkmale zulässig, wenn sie die mechanischen Eigenschaften des Bauteils nicht mindern und die Anwendung nicht beeinträchtigen.

22 Verdeckte Flächen sind Flächen, die nach dem Einbau ständig durch andere Bauteile oder Einzelteile, z. B. Beschlagteile, verdeckt sind.

6 Trocknen des Holzes

Frisch geschlagenes und geschnittenes Holz kann man nicht verarbeiten, es ist so nass, dass das Pilzwachstum extrem begünstigt würde. Zudem verlangen die Richtlinien, dass das Holz mit der Feuchtigkeit einbaut wird, die im Projekt später vorherrschen wird. Das bedeutet, das Holz muss getrocknet werden.

Heute lässt man Holz nur mehr selten natürlich im Freien oder in einem ungeheizten, luftigen Raum trocknen; in einem solchen Fall wird in der Regel künstlich nachgetrocknet, in zertifizierten Frischluft-Abluft-Kammern oder im Vakuum, auf eine Endfeuchte von 15 % ± 3 %.

Die natürliche Trocknung (Freilufttrocknung)

Vorteile
– schonende Trocknung
– schöne Färbung des Holzes
– geringe Kosten für die Trocknung

Nachteile
– langsame Trocknung
– Abhängigkeit vom Klima
– benötigt großes Lager, Kapital liegt im Lager
– die in der Regel erforderliche Holzfeuchtigkeit von unter 15 % kann nicht erreicht werden

Schädliche Einflüsse bei natürlicher Holztrocknung (Freilufttrocknung)

Direkte Sonnenbestrahlung erhöht die Trocknungsgeschwindigkeit, dadurch entstehen Risse. Regen durchfeuchtet das Holz. Der Holzstapel muss auch für den Regenschutz gut abgedeckt werden.
Risse sind die häufigsten Holzfehler, die bei der Freilufttrocknung entstehen. Richtiges Stapeln und Abdecken verringert ihr Auftreten.
Verschmutzung Staub und Schmutz stumpfen die Werkzeuge ab.

Die künstliche Trocknung

Vorteile
– ausreichende Trocknung, im Gegensatz der Lufttrocknung
– Reduzierung der Lagerzeit des Holzes
– Minimierung von Lagerschäden

Nachteile
– helle Hölzer verfärben sich durch Wasserdampf
– hoher Energiebedarf

Das Trocknen im Vakuum hat im Vergleich zur normalen Lufttrocknung den großen Vorteil, dass dieser Prozess mit hoher Geschwindigkeit ablaufen kann. Daher weist vakuum-getrocknetes Holz deutlich weniger Risse auf; auch kann die Trocknung auf jede vom Kunden gewünschte Endfeuchte hin ausgerichtet werden.

Bei allen Trocknungsverfahren kann eine zu große Differenz zwischen dem Trocknungsklima und der Holzfeuchte zu massiven Schäden führen. Derartige **Trocknungsfehler** sind:

Farbveränderungen Verfärbungen entstehen durch Kondensationswasser oder bei Berührung mit Eisenteilen. Besonders gefährdet sind helle oder gerbstoffhaltige Hölzer.

Verformungen Holz verformt sich beim Trocknen. Durch korrekte Stapelung während des Trocknungsvorgangs können die Verformungen auf ein Minimum reduziert werden.

Risse Oberflächenrisse entstehen bei zu schneller Trocknung am Anfang. Längsrisse können durch stirnseitig angebrachte Leisten oder Wellenbänder vermindert werden.

Zellschäden Bei zu schneller Trocknung am Anfang der Trocknungsphase (über dem Fasersättigungspunkt) verformt sich das noch feuchtwarme Holz, und die Zellwände brechen ein.

Verschalungsrisse Bei zu schneller Trocknung wird die äußere, trockene Schicht überdehnt und somit hart, sie ist kaum noch verformbar. Da sich diese äußere Schicht nicht zusammenziehen lässt, entstehen im Inneren Verschalungsrisse.

Wenn Holz trocknet, schwindet es. Wie stark es schwindet, hängt in hohem Maße von der Holzart, aber auch von der Schnittart ab.

Durchschnittswerte für das Schwinden des Holzes
Längsschwund   0,02 bis 0,9 %
Radialschwund   2 bis 4 %
Tangentialschwund   3 bis 8 %

Schwinden der unterschiedlichen Holzbretter beim Austrocknen

7 HOLZFEHLER

Fehler in der Stammform

Abholzigkeit und **Krummschäftigkeit**
Abholzigkeit[23] ist die Verringerung des Stammdurchmessers von mehr als 1 cm je m Länge.
Krummschäftigkeit ist eine gewachsene Krümmung des Baumstammes. Kurze, aufeinanderfolgende Krümmungen bezeichnet man als Knicke.

Drehwuchs, Ansicht außen und Querschnitt
Der Drehwuchs zeigt sich durch den spiralförmigen Faserverlauf der Maserung um die Stammachse.

Zwieselbildung, Ansicht außen und Querschnitt
Ein Zwiesel ist die Zweiteilung des Baums, es entstehen zwei Hauptsprossen.

Hohlkehligkeit, Ansicht außen und Querschnitt
Hohlkehligkeit ist die unter abgestorbenen Ästen oder unter Astansatzstellen auftretende, längs des Stammes sich zeigende Einbuchtung.

---

23 Eine Abholzigkeit unter 1 cm/m wird als Vollholzigkeit bezeichnet. Diese findet man überwiegend an den oberen Stammteilen.

Exzentrischer Wuchs, Querschnitt
Beim exzentrischen Wuchs ist die Markröhre aus der Mitte des Stamms nach außen verschoben. Dies ist in aller Regel mit der starken Abweichung von der Kreisform verbunden.

Mondringe, Querschnitt
Im Kernholz zeigt sich ein dem Splintholz ähnlicher, vollständiger oder unvollständiger Ring. Er entsteht durch die unvollständige Verkernung, was im Querschnitt an Farbunterschieden sichtbar wird.

Doppelstamm (Doppelkern), Querschnitt
Zwei dicht beieinanderstehende Bäume sind zu einem Stamm ineinandergewachsen. Zwischen den beiden Bäumen ist die Rinde zu sehen.

Ringrisse, Querschnitt
Die Jahrringe trennen sich voneinander. Als Ursache dafür sind Pilzbelastungen in den jeweiligen Jahren anzunehmen. Der Baum hat sich dagegen gewehrt, die Substanz der Jahrringe wurde geschwächt. Bei Belastungen und Spannungen kommt es auch bei normalem Weiterwuchs zu den Ringrissen. Die hier gleichzeitig auftretenden Kernrisse verweisen auf weiteren Pilzbefall.

Rotkern, Querschnitt
Rotkern ist eine wolkig abgestufte, sich dunkel abzeichnende Begrenzung der Kernzone, die sich auch in mehreren Ringen zeigen kann. Rotkern bildet sich ohne Pilzbelastung.

Spannrückigkeit, Querschnitt
Die Spannrückigkeit ist eine mit zunehmendem Baumalter sich entwickelnde Abweichung von der üblichen, nahezu runden Stammform. Die Vertiefungen und wulstigen Erhöhungen sind auf eine grobwellige Ausbildung der Jahrringe zurückzuführen.

Astigkeit, Baum in den Alpen (links) und Zirbelholz[24] (rechts)
Äste im Holz mindern in der Regel die Gebrauchstauglichkeit und den Wert des Holzes. Die fest verwachsenen Äste des Zirbelholzes stellen eine Ausnahme dar.

Kernrisse, Querschnitt
Kernrisse beginnen im Kern und können bis zur Rinde reichen, die sie aber nicht durchbrechen. Diese Risse sind immer ein Hinweis auf Pilzbefall.

Überwachsene Äste, Ansicht von außen und Querschnitt
Sterben Äste ab oder brechen ab, wächst das Holz an den Wundrändern vor, es kommt zu einer Überwallung. Überwachsene Äste sind an der Mantelfläche des Baums nicht sichtbar.

Hohler Kern, Querschnitt
Durch holzzerstörende Pilze verfärbt sich der Kern, wird rissig und zerfällt schließlich. Die Gefahr der Schädigung nimmt mit zunehmendem Alter der Bäume zu. Da die Stabilität vermindert wird, knicken die Bäume bei Unwetter häufig um.

Wulstholz (Beulen), Querschnitt
Wulstholz bildet sich nach Verletzungen des Baums. Das Holz wächst an den Wundrändern vor, es kommt zu einer Überwallung.

HOLZFEHLER 35

24 Splintholz und Kernholz sind an diesem Zirbelholzbrett klar zu unterscheiden. Die Äste der Zirbel sind fest mit dem Holz verbunden; die Astigkeit wird häufig, vor allem in ländlichen Bereichen, nicht als störend empfunden.

Harzgallen, Harz als Wundverschluss (außen), Harzgalle im Holzbrett (Querschnitt)
Bei Verletzungen kommt es zu Harzausfluss auf der Außenseite des Baums. Harzgallen entstehen durch das Auseinanderweichen der Parenchymzellen und die Einlagerung des Harzes im Inneren der Nadelbäume.

Falschkern, Beispiel einer gedämpften Buche
Man spricht von Falschkern, wenn die innere Holzzone von Holzarten, deren Kern- und Splintholz normalerweise farblich nicht deutlich unterschieden sind, eine abweichende Farbe zeigt. Dies hat natürliche Ursachen wie Frost oder anomale Wuchsbedingungen.

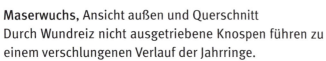

Maserwuchs, Ansicht außen und Querschnitt
Durch Wundreiz nicht ausgetriebene Knospen führen zu einem verschlungenen Verlauf der Jahrringe.

Wimmerwuchs, Ansicht außen und Querschnitt
Wimmerwuchs führt zu ungerichtetem, wellenförmigem Verlauf der Jahrringe.

Druckholz (Reaktionsholz, dunkle Zone oben) einer Fichte, Radial- und Querschnitt
Druckholz entsteht nur bei Nadelholz an der der Krafteinwirkung entgegengesetzten Seite schief stehender Bäumen, weil der Baum versucht, den Teil in gestörter Lage wieder in seine Normallage zurückzudrücken. Auch starker Winddruck führt auf der dem Wind entgegen gesetzten Seite zur Ausbildung von Druckholz. Es ist dunkler und sehr viel härter als das übrige Holz; die unterschiedliche Festigkeit hat Risse zur Folge.

Wilder Wuchs, Ansicht außen und Querschnitt
Wilder Wuchs ist eine Sammelbezeichnung für Fehler im Holz mit vielen Überwallungen und Verwachsungen.

Zugholz (Reaktionsholz) einer Buche mit gleichzeitigem Drehwuchs
Zugholz entsteht bei Laubholz durch einseitige Belastung, weil der Baum versucht, den in gestörter Lage befindlichen Teil wieder in seine Normallage zu ziehen. Zugholz ist aufgrund des höheren Zellulosegehaltes heller als das übrige Holz.

Frostleiste, außen als Wulst und Querschnitt
Die Frostleiste entsteht durch Überwallung eines ständig nachreißenden Frostrisses und ist als längs verlaufende Verdickung (Wulst) am Stamm außen erkennbar.

Rissverschluss an Laubholz (Buche, links) und Nadelholz (Lärche, rechts)
Der lebende Baum versucht, sich bildende Risse zu schließen und zu heilen.

Holzfehler und Holzmängel in der Schnittware

Baumkante mit Rinde, Beispiel Kiefernholzbrett
Baumkanten mit Rinde sind unzulässig. Die Baumkante ohne Rinde ist zulässig, wenn sie nach dem Einbau verdeckt und nicht mehr sichtbar ist.

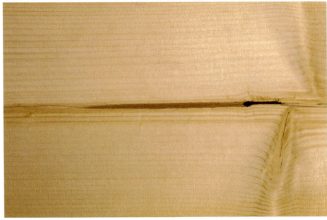

Sichtbare Markröhre, Beispiel Fichtenholzbrett mit Querästen
Die sichtbare Markröhre ist ein Holzfehler, der nicht toleriert wird. Das Holz ist nur für minderwertige Aufgaben geeignet.

Rindeneinschlüsse, Beispiel Laubholz
Rindeneinschlüsse sind nur zulässig, wenn sie nach dem Einbau verdeckt und nicht mehr sichtbar sind.

Schwarze Äste, Beispiel Kiefernholzbrett
Schwarze Äste sind nur bis zu 5 mm Ø zulässig. Größere Äste müssen ausgedübelt werden.

Gerissene Äste, Beispiel Fichtenholzbrett
Das Holz ist ohne Ausdübelung der Äste für eine dauerhafte Beschichtung nicht geeignet.

Äste mit Pilzbefall, Beispiel Fichtenholzbrett
Das Holz ist auch nach Ausdübelung der Äste nur für minderwertige Aufgaben geeignet.

Eingewachsene Äste, Beispiel Fichtenholzbrett
Das Holz ist ohne Ausdübelung der Äste für eine dauerhafte Beschichtung nicht geeignet.

Herausgefallene Äste, Beispiel Laubholz
Das Holz ist nur nach dem Ausdübeln der Äste brauchbar.

Risse im Holz, Beispiel Kiefernholzbrett
Risse im Holz sind nur in geringer Größe und nur dann, wenn sie die Stabilität nicht beeinträchtigen, zulässig. Hierzu machen die Normen je nach Holzqualität präzise Angaben.

Queräste, Beispiel Fichtenholzbrett
Queräste mindern die Stabilität ungemein. Hölzer mit Querästen sind nur für minderwertige Aufgaben geeignet. Zum Teil werden die Zonen mit Ästen herausgeschnitten und die Teile durch Verzinken neu verleimt.

Astigkeit, Beispiel Kiefernholzbrett
Starke Astigkeit (große Anzahl von Ästen) schränkt die Verwendung sehr ein. Zirbelholz bildet allerdings eine Ausnahme, denn im alpenländischen Raum wird dieses Holz gerade wegen der stark verwachsenen vielen Äste geschätzt.

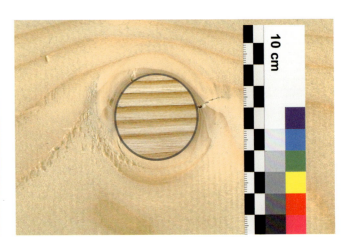

Dübel über 25 mm Ø
Dübel über 25 mm Ø sind für die meisten Aufgabengebiete nicht zulässig.

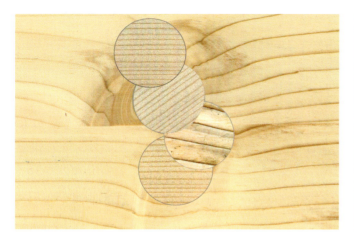

Kettendübelungen
Kettendübelungen sind für die meisten Aufgaben, insbesondere im Außenbereich, nicht zulässig.

Unzulässige Verzinkungen
Verzinkungen sind nicht für alle Aufgabengebiete zulässig. Vor allem im unteren Drittel von Fenstern sind Schäden zu erwarten, wenn die Verleimung der Verzinkungen aufgeht.

Offene Verleimungen an Dübelungen
Offene Verleimungen an Dübelungen sind nicht zulässig. Der sich bildende Riss kann auch mit Beschichtungen nicht dauerhaft geschlossen werden; Wasser dringt ein, und es kommt zu weiteren Schäden.

Zu flach angeschnittene Jahrringe,
Beispiel Kiefernholzbrett
Bei derart angeschnittenen Hölzern kommt es immer wieder zu Jahrringablösungen (besonders auf der linken, der Stammesmitte abgewandten Seite) und damit zu Beschichtungsschäden. Deshalb sollten diese Hölzer für Beschichtungen, besonders im Außenbereich, nicht verwendet werden.

Unzulässiges Splintholz, Beispiel Eiche mit Weißfäule im Splint
Bei nahezu allen Holzarten ist das Splintholz gegen Holzschädlinge empfindlicher als das Kernholz. Das Splintholz einiger Holzarten, zum Beispiel der Eiche, darf deshalb nicht verwendet werden.

Harzreiches Holz, Beispiel Kiefernholz
Zumindest wenn Holz im Außenraum verwendet wird, ist Harzausfluss nicht zu vermeiden, vor allem wenn die Beschichtung dunkel ist. Das Holz erwärmt sich darunter stark, und der Erweichungspunkt von Harz liegt bei 60 °C (333 K).

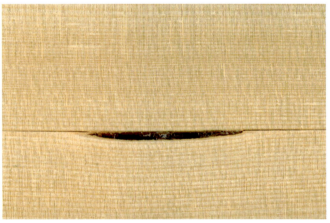

Fremdkörper im Holz, Beispiel eingewachsenes Stahlteil
Fremdkörper, die in das Holz eingewachsen sind, können Werkzeuge und Maschinen stark schädigen. In aller Regel verfärben sie das Holz auf Dauer; wird Holz dieser Art nicht ohnehin aussortiert, bleibt nur eine deckende Oberflächenbehandlung.

Harzgallen, Beispiel Kiefernholz
Harzgallen sollten vor der Beschichtung des Holzes ausgestochen und durch Holz oder entsprechende 2-K-Werkstoffe ersetzt werden. Nur so lässt sich an dieser Stelle späterer Harzausfluss vermeiden.

Drehwuchs über 2 cm je Meter
Drehwuchs führt bei Feuchtigkeitsveränderung zum Verdrehen und Verwerfen des Holzes und ist deshalb nur bis zu 2 cm je Meter zulässig.

Bläuepilzbefall, Beispiel Kiefernholz
Bläuepilzbefall stellt einen optischen Mangel dar. Vom Bläuepilz gefärbtes, trockenes Holz kann für deckende Beschichtungen eingesetzt werden.

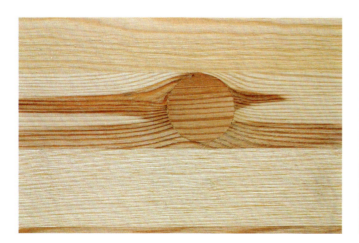

Starke Farbtonabweichungen, Beispiel Kiefernholz
Starke Abweichungen vom normalen Holzfarbton stellen einen optischen Mangel dar. Das Holz kann aber problemlos mit deckenden Beschichtungen versehen werden.

Pilzbefall, Beispiel Bläuepilz und Rotfäule in Fichtenholz
Pilzbefall (außer Bläue unter deckenden Beschichtungen) ist nicht zulässig. Befallene Hölzer dürfen nur für untergeordnete Aufgaben eingesetzt werden.

Insektenfraßstellen, Beispiel Fraßgänge des Hausbocks
Insektenfraßstellen sind nur vereinzelt und bis zu maximal 2 mm Ø zulässig, wenn der Befall mit lebenden Insekten ausgeschlossen werden kann.

Sichtbare Verleimungen, Beispiel mit dunklem Phenolharz
Sichtbare Verleimungen sind nur unter deckenden Beschichtungen zu akzeptieren und nur in diesem Fall problemlos.

8 Bedeutende Nutzhölzer, ihre Eigenschaften und Verwendung

Berücksichtigt man, dass gegenwärtig ca. 600 Holzarten im Handel sind, leuchtet es ein, dass die folgende Übersicht mit Beschreibung der Hölzer, ihrer Eigenschaften und Verwendung sehr knapp gehalten werden muss. Bestimmte Hölzer kommen in unterschiedlichen Erdteilen vor. Es ist natürlich, dass diese Hölzer nicht nur, aber besonders im Farbton variieren. So müsste man zum Beispiel zwischen afrikanischem und amerikanischem Mahagoni unterscheiden. Zahlreiche Hölzer haben Untergattungen mit etwas unterschiedlichem Erscheinungsbild, so gibt es etwa Stiel- oder Sommereiche und Trauben- oder Wintereiche. Aber auch die gleiche Baumart kann je nach Standort eine abweichende Textur und Farbigkeit zeigen. Diese Differenzierungen werden hier nicht vorgenommen, sie würden den Rahmen der Darstellung sprengen.

Afzelia Doussié *Afzelia bipindensis Harms* Kernholz hellbraun, Splintholz gelblich grau
– gut zu bearbeiten, stumpft Werkzeug ab, trocknungsverzögernde Inhaltsstoffe, durch Holzstaub Schleimhautreizung möglich
– für Möbel und Parkett, Treppen, Handläufe, Fenster, Türen und Tore, Gartenmöbel; auch als Ersatz für Eiche und Teak

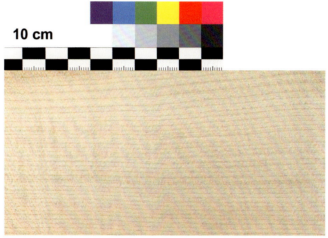

Ahorn Bergahorn *Acer pseudoplatanus*, Spitzahorn *Acer platanoides* Splint- und Kernholz farblich nicht unterschieden; Bergahorn: hellstes, fast weißes, feinporiges Holz, Spitzahorn: eher gelbliches bis rötliches Holz
– mittelschweres Holz, Festigkeit dem Buchenholz vergleichbar, elastisch und zäh, hart, mit guter Abriebbeständigkeit, nicht witterungsbeständig, anfällig gegen Insekten
– gesuchtes Ausstattungsholz für Decken- und Wandbekleidungen, Möbelbau, Schnitz- und Drechselarbeiten, Spielwaren, Streich- und Blasinstrumente, Furniere

Alerce *Fitzroya cupressoides Johst.* Kernholz rötlich braun, Splintholz schmal und sehr hell, dunkelt stark nach, deutliche Jahrringe
- gute mechanische Eigenschaften, gut zu be- und verarbeiten, Kernholz beständig gegen Holzschädlinge, witterungsbeständig
- Konstruktionsholz für geringe Beanspruchung im Innen- und Außenbereich, Fenster, Schiff-, Flugzeug- und Brückenbau, Vertäfelungen innen, Fässer, Musikinstrumente, Bleistifte, Furniere

Balsa *Ochroma pyramidale* ohne Farbkern, gelblich weiß bis hell bräunlich
- sehr leichtes Holz mit schlechten mechanischen Eigenschaften, sehr weich und druckempfindlich, als Bauholz nicht zu verwenden, schlecht zu verarbeiten
- besonders für Wärme- und Geräuschdämmung, Holzmodelle und Modellflugzeugbau

Azobe *Lophira alata* Kernholz dunkelbraun, Splintholz blassgrau, nachdunkelnd
- schweres, hartes Holz, schwierig zu bearbeiten, sehr gute mechanische Eigenschaften, schwer entflammbar, witterungsbeständig
- Konstruktionsholz für besonders hohe Beanspruchung, Spezialholz im Maschinenbau, für Labortische, Chemiebehälter, Parkett

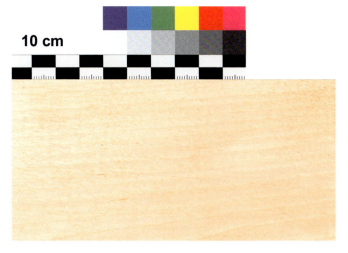

Birke Sandbirke *Betula verrucosa*, Moorbirke *Betula pubescens* ohne Farbkern, gelblich weiß bis hell bräunlich, feine bis mittelgrobe Poren, zarte Fladerung
– mittelschwer mit guten mechanischen Eigenschaften, elastisch und zäh, aber nicht besonders hart, mäßig schwindend, nicht witterungsbeständig
– Massiv- und Furnierholz für Möbel und Innenausbau, Parkett, gebeizt als Imitation von Nussbaum und Kirschbaum für Stilmöbel, Drechsel- und Schnitzarbeiten, Sportgeräte und Musikinstrumente

Cedar Western red cedar *Thuja plicata* Kernholz hell gelblich braun, Splintholz weißlich mit deutlichen Jahrringen
– leicht, gut zu bearbeiten, Kernholz witterungsbeständig, Splintholz wenig dauerhaft
– Konstruktionsholz für geringe Beanspruchungen, Verkleidungen und Vertäfelungen, Möbel, Schälfurnier für Sperrholzplatten

Buche *Fagus sylvatica* Splint- und Kernholz teils gleich blassgelb bis rötlich braun, teils mit mehrzoniger Kernfärbung, feinporig strukturiert ohne auffällige Zeichnung
– mittelschwer bis schwer, sehr hart, gute Festigkeit, sehr zäh, stark schwindend, gut zu polieren, nicht witterungsbeständig
– von der Menge her gesehen bedeutendstes einheimisches Laubholz für Möbel, Treppen, Parkett, Holzpflaster, Span- und Faserplatten

BEDEUTENDE NUTZHÖLZER

Douglasie *Pseudotsuga menziesil Franco* Splintholz gelblich bis rötlich weiß, Kernholz etwas dunkler, deutliche Jahrringe
- mittelschwer, harzhaltig, Kernholz gegen Holzschädlinge gut beständig, witterungsfest, gute Dauerhaftigkeit
- für Fenster und Türen, Ausstattung innen, Vertäfelungen, Parkett, Treppen, Furnierholz

Eiche *Quercus robur* für die Stiel- oder Sommereiche, *Quercus petraea* für die Trauben- oder Wintereiche Kern- und Splintholz farblich deutlich unterschieden, das meist schmale Splintholz gelblich weiß, das Kernholz gelbbraun, nachdunkelnd, grobporig
- schwer und hart, ausgezeichnete Festigkeit, sehr elastisch, hoher Abnutzungswiderstand, wenig schwindend, Kernholz hoch wetterbeständig und unter Wasser nahezu unbegrenzt haltbar, Splintholz sehr pilzanfällig, reagiert bei Feuchtigkeit mit Eisenmetallen zu schwarzen Korrosionsprodukten
- grobjähriges[26] Holz für Fenster und Türen, Boots- und Schiffbau, Fahrzeugbau usw., Fässer, Werkzeugstiele, Leitern; feinjähriges Holz für Decken- und Wandbekleidungen, Treppen und Fußböden (Parkett, Dielenböden und Holzpflaster), Möbel

Edelkastanie *Castanea sativa* Splint- und Kernholz farblich deutlich unterschieden, das sehr schmale Splintholz gelblich weiß, das Kernholz gelbbraun bis dunkelbraun
- mittelschwer, ziemlich hart, gute Festigkeit, hohe Witterungsbeständigkeit, kann Dermatitis[25] verursachen
- gutes Konstruktionsholz für Innen- und Außenbau, Fenster und Türen, Möbel, Täfelungen und Parkett, Treppen und Türen

25 Dermatitis = Hautentzündung.
26 Grobjähriges Holz hat breite Jahrringe.

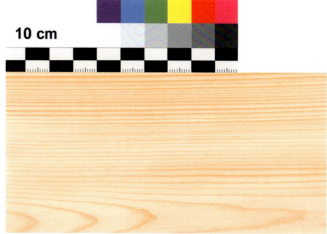

Erle (Schwarzerle) *Alnus glutinosa*   rötlich weißes bis hellbraunes Holz ohne Farbtonunterschied zwischen Kern- und Splintholz, feinporig mit schwacher Textur
- mittelschwer und relativ weich, mäßig schwindend, wenig witterungsbeständig, große Beständigkeit unter Wasser, kann Dermatitis verursachen
- Möbelbau, bei Restaurierungen als Vollholz zur Imitation von Kirschbaum, Nussbaum und Mahagoni, als Blindholz[27] für Unterkonstruktionen, Drechsel- und Schnitzarbeiten, Spielwaren

Fichte *Picea abies*   gleichmäßig helles Holz ohne Farbtonunterschied zwischen Kern- und Splintholz, das gelbliche Weiß dunkelt unter Lichteinfluss gelblich braun nach
- mittelschwer und relativ weich, günstige Festigkeit und Elastizität, nur wenig schwindend, problemlos zu ver- und bearbeiten, wenig witterungsbeständig
- wichtigste einheimische Holzart, häufigstes Bau- und Konstruktionsholz, für Fenster, Türen, Tore, Fassadenbekleidungen, Fußböden, Treppen, Decken- und Wandbekleidungen, Span- und Faserplatten, Papier und Zellstoff

Esche *Fraxinus excelsior*   Kern- und Splintholz von gleicher weißlicher bis gelblicher oder weiß-rötlicher Färbung, teils mit unregelmäßig streifig-braunem Kern
- Mittelschwer, hohe Festigkeit und Elastizität, außergewöhnliche Zähigkeit, Härte und Abriebfestigkeit, mäßig schwindend, gut zu bearbeiten, leicht zu biegen, nicht dauerhaft witterungsbeständig
- Decken- und Wandbekleidungen, Ausstattungsholz für Möbel (massiv und Furnier), Parkettböden und Treppen, Spezialholz für Sportgeräte, früher für die Wagnerei

[27] Blindholz ist Holz, das nach dem Einbau nicht oder kaum sichtbar ist; an wenig sichtbaren Stellen wird preisgünstigeres Holz als Blindholz einsetzt.

Framire *Terminalia ivorensis*   Kernholz gelblich braun, Splintholz hell gelblich, grobporig
- gut zu bearbeiten, gutes Stehvermögen, nasses Holz färbt gelb und verursacht bei Eisenmetallen Korrosion
- Konstruktionsholz für mittlere Beanspruchung, für Fenster und Türen, Vertäfelungen, Parkett, Musikinstrumente, Furnierholz

Hickory *Carya laciniosa*   deutliche Farbtonunterschiede zwischen Kern- und Splintholz, Splintholz gelblich weiß, Kernholz rötlich gelb
- sehr hart, schwierig zu bearbeiten, sehr gute Festigkeit und Elastizität, nur wenig schwindend, sehr hohe Widerstandsfähigkeit
- für Ski und Golfschläger, Stühle und gebogene Möbelstücke, Werkzeugstiele, Furniere

Hemlock *Tsuga heterophylla*   weißlich gelbliches Kern- und Splintholz, farblich kaum zu unterscheiden
- weich, gut zu bearbeiten, geringe Dauerhaftigkeit, anfällig gegen Pilze und Insekten, im Außenraum ist Bläueschutz[28] erforderlich
- Konstruktionsholz für mittlere Beanspruchung, für Türen, Vertäfelungen, Parkett, Spezialholz für Saunen, Furnierholz

28 Schutz vor dem Bläuepilz mit Fungiziden.

Kiefer *Pinus sylvestris* deutliche Farbtonunterschiede zwischen Kern- und Splintholz, das gelblich weiße Splintholz und das rötlich gelbe Kernholz dunkeln unter Lichteinfluss stark nach
- mittelschwer und mäßig hart, harzhaltig, günstige Festigkeit und Elastizität, nur wenig schwindend, problemlos zu ver- und bearbeiten, Kernholz gut, Splintholz weniger witterungsbeständig
- häufig eingesetzt als Bau- und Konstruktionsholz, für Fenster, Türen, Tore, Fassadenbekleidungen, Fußböden, Treppen, Decken- und Wandbekleidungen, Möbel, Span- und Faserplatten

Lärche *Larix decidua* deutliche Farbtonunterschiede zwischen Kern- und Splintholz, das gelblich weiße Splintholz und das rötlich gelbe Kernholz dunkeln unter Lichteinfluss stark nach
- schwerstes und härtestes einheimisches Nadelholz, harzhaltig, günstige Festigkeit und Elastizität, nur wenig schwindend, problemlos zu ver- und bearbeiten, Kernholz gut, Splintholz weniger witterungsbeständig, unter Wasser gut beständig
- hervorragendes Bau-, Konstruktions- und Ausstattungsholz, für Fenster, Türen, Tore, Fassadenbekleidungen, Schindeln, Fußböden, Treppen, Decken- und Wandbekleidungen, Spezialholz für Fässer und Bottiche

Kirschbaum *Prunus avium* schmaler, gelblich bis rötlich weißer Splint, bräunlicher bis rötlich brauner Kern, feinporig mit zarter, dekorativer Zeichnung
- mittelschwer mit guter Festigkeit und Elastizität, mäßig schwindend, nicht witterungsbeständig
- Massiv- und Furnierholz vorrangig für Möbel, repräsentative Decken- und Wandverkleidungen, Türen und Treppen, Musikinstrumente

BEDEUTENDE NUTZHÖLZER

Limba *Terminalia suberba*   weißgelbliches Kern- und Splintholz
- gut zu bearbeiten, geringe Dauerhaftigkeit, anfällig gegen Pilze und Insekten
- Konstruktionsholz für mittlere Beanspruchung im Innen- und Außenbereich, für Möbel, Vertäfelungen, Parkett, Türen, Schnitz- und Drechselarbeiten, Spezialholz für Fässer, Furnierholz

Mahagoni *Swietenia macrophylla*   schmales, hellgraues Splintholz und rötlich braunes Kernholz, relativ grobporig, dekorativ
- mittelschwer, gut zu bearbeiten, sehr dauerhaft, schwindet kaum, sehr resistent gegen Holzschädlinge
- besonders im 18. Jahrhundert für massive Möbel, heute für hochwertige Möbel und Musikinstrumente

Linde Winterlinde = *Tilia cordala*, Sommerlinde = *Tilia parvifolia*   weißlich bis hellbräunlich, ohne Farbtonunterschied zwischen Kern- und Splintholz, feinporig, gleichmäßig feine Struktur
- mittelschwer und weich, nur geringe Festigkeit und Elastizität, stark schwindend, nicht witterungsbeständig
- für Bildhauerei, Schnitzerei und Drechslerei, im Möbelbau für geschnitzte Teile

Makoré *Tieghemella heckelii*   schmales, helles Splintholz, rötlich braunes Kernholz, nachdunkelnd, relativ feinporig, dekorativ
- mittelschwer, gut zu bearbeiten, sehr witterungsbeständig, Splintholz anfällig gegen Pilze und Insekten
- in der Bauschreinerei im Außenbereich, für Möbel, Treppen, Furniere, Spezialholz zum Schnitzen und Drechseln, als Sperrholz im Schiffsbau

Padouk *Pterocarpus soyauxil*   Splintholz cremefarben, Kernholz korallenrot, orangebraun bis rotbraun, stark nachdunkelnd
- schwierig zu bearbeiten, Kernholz besonders dauerhaft, pilz- und insektenwidrig (sogar gegen Termiten), Splintholz anfällig gegen Pilze und Insekten, witterungsbeständig, kann Dermatitis verursachen
- hochwertige Möbel, Verkleidungen, Vertäfelungen und Parkett, Musik- und Messinstrumente, Furnier, speziell Messerfurnier

Nussbaum *Juglans regie*   Splintholz 5 bis 10 cm breit, grauweiß bis rötlich weiß, Kernholz braungrau bis dunkelbraun, schöne, meist deutliche Zeichnung, relativ grobporig, dekorativ
- mittelschwer bis schwer, gute Festigkeit und Elastizität, sehr biegefest, mäßig schwindend, mäßig witterungsbeständig
- Massiv- und Furnierholz vorrangig für Möbel, repräsentative Decken- und Wandverkleidungen, Türen und Treppen, Musikinstrumente, Spezialholz für Gewehrschäfte

BEDEUTENDE NUTZHÖLZER 53

Palisander (z. B. Rio Palisander) *Dalbergia nigra*   Splintholz gelblich weiß, Kernholz dunkelbraun bis fast schwarz, wegen der starken Maserung sehr gesucht
– mittelschwer bis schwer, gute Härte, Festigkeit und Elastizität, kann Dermatitis verursachen, Inhaltsstoffe können auf Lacke trocknungsverzögernd wirken
– qualitätvolle Möbel und luxuriöse Innenausstattungen, Musikinstrumente, Furniere

Ramin *Gonystylus bancanus*   hell, Splintholz unterscheidet sich nur wenig vom Kernholz
– mittelhart, leicht zu bearbeiten, sehr anfällig gegen Holzschädlinge
– Möbel und Innenausstattungen, Bilderrahmen und Drechselwaren, Schnitzereien, Parkett und Furniere

Pappel Aspe, Zitterpappel, Espe = *Populos tremul*, Weiß- oder Silberpappel = *Populus alba*, Schwarzpappel = *Populus nigra*   Aspe mit gleichfarbigem, gräulich weißem bis gelblich weißem Kern- und Splintholz, Weiß- und Schwarzpappel mit breitem weißlichem Splintholz und schwach bräunlichem Kernholz, feinporig
– leicht, sehr weich, geringe Festigkeit, aber relativ gute Abnutzungsbeständigkeit, mäßig schwindend, nicht witterungsbeständig
– Spezialholz für Zündhölzer, Holzschuhe, Prothesen, Bänke im Saunabau, im Möbelbau als Blindholz, für Spanplatten, Faser- und Holzwolleplatten

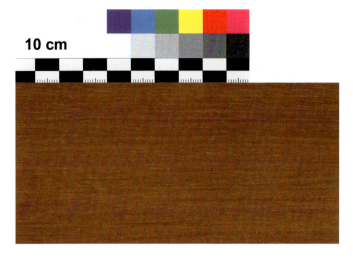

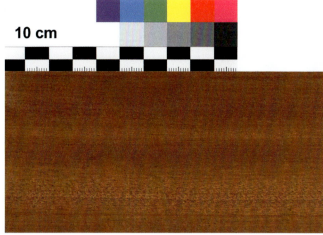

Redwood *Sequolo sempervirens*   rötlich braunes Kernholz, weißgraues bis gelblich graues Splintholz
- weich, gutes Stehvermögen, gut zu bearbeiten, witterungsbeständig, beständig gegen Pilze und Insekten, schwer entflammbar
- Möbel und Innenausstattungen, Türen, Parkett und Furniere, Musikinstrumente (Resonanzholz, Orgelpfeifen), Drechselarbeiten, Bleistifte

Sapelli *Entandrophragma cylindrium*   Splintholz cremefarben, Kernholz braun, zerstreutporig
- gut zu bearbeiten, Kernholz pilz- und insektenwidrig, Splintholz anfällig gegen Pilze und Insekten, chemische Reaktion mit Eisenmetallen kann blauschwarze Verfärbungen verursachen
- Vollholz und Furnier für Möbel und Vertäfelungen, Parkett, Türen, Treppen, Handläufe und Fenster, Musikinstrumente, Drechsel- und Schnitzarbeiten

Rüster (Ulme) *Ulmus glabra*   Kern- und Splintholz farblich deutlich unterschieden, Splintholz zum Teil sehr breit, gelblich weiß bis grau, Kernholz hellbraun bis dunkelbraun, grobporig, markant gestreift beziehungsweise gefladert
- mittelschwer, ziemlich hart, gute Festigkeit und sehr elastisch, nicht sehr witterungsbeständig
- Massivholzmöbel in Einzelfertigung, Decken- und Wandbekleidungen, Treppen, Parkett, Türen und Einbaumöbel, Furniere, Musikinstrumente und Sportgeräte, Drechsel- und Schnitzarbeiten

Sipo *Entandrophragma utile*   Kernholz braun, nachdunkelnd, schmales Splintholz grau, zerstreutporig
- gute mechanische Beständigkeit, gutes Stehvermögen, Kernholz gute Beständigkeit, Splintholz anfällig gegen Pilze und Insekten
- begehrtes Vollholz für Fenster, Türen und Tore, den Bootsbau, Furnierersatz für Sapelli

Teak *Tectona grandis*   Kernholz hell- bis dunkelbraun, Splintholz weißlich bis grau, dunkelbraun bis schwarz geadert
- aufgrund von Kautschukgehalt sich fettig anfühlende Oberfläche, hohe Festigkeit, gut zu verarbeiten, sehr witterungsfest, pilz- und insektenwidrig, enthält trocknungsverzögernde Holzinhaltsstoffe
- für Möbel, Vertäfelungen und Parkett, Fenster und Türen, Treppen, Gartenmöbel, Kunstgewerbeartikel, Furnierholz für Deckfurniere

Tanne *Abies alba*   gleichmäßig helles Holz ohne Farbtonunterschied zwischen Kern- und Splintholz
- mittelschwer und weich, gute Festigkeit und Elastizität, nur wenig schwindend, problemlos zu ver- und bearbeiten, wenig witterungsbeständig, gegen Chemikalien überdurchschnittlich beständig
- Bau- und Konstruktionsholz im Innenbereich, Spezialholz für Musikinstrumente (Resonanzböden) und Orgelpfeifen

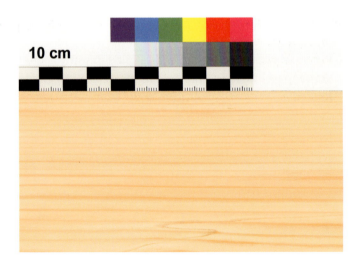

Weide (Silber- oder Weißweide) *Salix alba* Splintholz breit, weißlich bis leicht gelblich, Kernholz hellbräunlich, feinporig, zarte Zeichnung
- mittelschwer und sehr leicht, gut zu bearbeiten, geringe Festigkeit, wenig elastisch, mäßig schwindend, nicht witterungsbeständig
- Spezialholz für Kleinmöbel, Furnier, Flechtweiden für Körbe und Korbmöbel, Span- und Faserplatten

Weymouthskiefer *Pinus strobus* geringe Farbtonunterschiede zwischen Kern- und Splintholz, Splintholz gelblich weiß, Kernholz gelblich rotbraun, dunkeln unter Lichteinfluss nach, fest eingewachsene, rotbraune Äste
- homogen leicht, weich, niedrige Festigkeit, mäßige Elastizität, geringe Tragfähigkeit, harzhaltig, extrem wenig schwindend, leicht zu bearbeiten, gut zu schnitzen und drechseln, mäßig wetterbeständig
- Konstruktionsholz für Innenbereich und geringe Beanspruchung, für Fenster, Türen, Decken- und Wandverkleidungen, Ausstattungsholz für Möbel, auch als Blindholz

Wenge *Milletia laurentil* Splint gelblich weiß, Kernholz dunkelbraun, nachdunkelnd
- Kernholz pilz- und insektenwidrig, gute Witterungsbeständigkeit, die Holzinhaltsstoffe können die Trocknung der Beschichtungen verzögern oder gar verhindern
- eines der wertvollsten und teuersten afrikanischen Importhölzer, meist als Furnier eingesetzt, ansonsten für Parkett, Treppenstufen, wertvolle Möbel

BEDEUTENDE NUTZHÖLZER

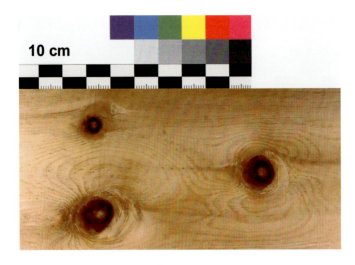

Zirbelkiefer (Arve) *Pinus cembra*   Splintholz gelblich weiß, Kernholz gelblich rötlich bis hellrotbraun, dunkelrotbraune, fest eingewachsene Äste, lange nach Harz riechend
- leicht und weich, mäßig fest und elastisch, leicht zu schnitzen und gut zu bearbeiten, gute Witterungsbeständigkeit
- begehrtes Ausstattungsholz für Decken- und Wandbekleidungen, Möbel, Bildhauer- und Schnitzarbeiten, im alpenländischen Raum als Konstruktions- und Fensterholz sowie für Schindeln

9 Furniere

Furniere sind dünne Blätter aus Holz. Sie werden durch Sägen, Schälen oder Messern hergestellt. Das Furnieren (von franz. *fournir*, ausstatten, versorgen) kam in Europa im 16. Jahrhundert auf als Aufwertung weniger wertvollen Holzes durch das Aufleimen von jenen dünnen Blättern wertvollen Holzes. Die Technik selbst ist viel älter, belegt bereits um 2900 v. Chr. in Ägypten.

Zur Herstellung der Messer- und Schälfurniere muss das Holz zunächst durch Kochen geschmeidiger gemacht werden, wodurch sich der Holzfarbton stark verändert. Mit Schälholzfurnieren werden Sperrholzprodukte hergestellt.

Die Furnierdicke hängt von der Holzart und dem Herstellverfahren ab. Grundsätzlich kann Laubholz dünner geschnitten werden als Nadelholz. Furniere feinporiger Laubhölzer wiederum können dünner hergestellt werden als die grobporiger Laubhölzer.

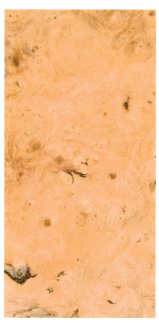
Vogelahorn-Schälfurnier

Pockholz-Messerfurnier

Pappel-Schälfurnier

Nussbaum-Schälfurnier

Kirschbaum-Schälfurnier

Bergrüster Messerfurnier

Sägefurnier
Durch Sägen mit Furniergattern oder Furniersägen wird aus Halbstämmen oder Stammteilen Sägefurnier mit Dicken zwischen 1 und 5 mm hergestellt. Das Furnier zeigt den Fladern- oder Radialschnitt. Wegen der großen Menge an Sägemehlabfall ist dieses Verfahren selten geworden. Für Restauratoren und Hersteller wertvoller Möbel ist Sägefurnier jedoch nach wie vor nicht zu ersetzen.

Messerfurnier
Durch Schneiden mit einer Messermaschine wird aus Halbstämmen oder Stammteilen Messerfurnier mit Dicken zwischen 0,3 und 3 mm hergestellt. Das Furnier zeigt den Fladern- oder Radialschnitt. Auf der Unterseite des Furniers entstehen kleine Risse, die sich beim Beizen des Holzes störend dunkel abzeichnen können. *Mikrofurnier* ist ein 0,1 bis 0,15 mm dünnes Messerfurnier, das unter anderem zu Echtholztapeten verarbeitet wird.

Rundschälfurnier
Durch Schälen des zentrisch eingespannten, rotierenden Baumstamms wird Rundschälfurnier mit Dicken zwischen 0,5 und 1,5 mm hergestellt. Das Furnier zeigt keine besonders dekorative Maserung. Die Furnierblätter werden meist zu Sperrholz weiterverarbeitet.

Exzenterschälfurnier
Der Stamm wird exzentrisch eingespannt, so ändern sich beim Schälen die Schnittebenen; die Jahrringe werden zunächst tangential und dann radial angeschnitten. Wie beim Messern entsteht ein fladriges bis streifiges Bild.

Stay-log-Schälen
Das Verfahren ist die Weiterentwicklung des Exzentrischschälens. Da das Holz extrem außermittig eingespannt wird, vergrößert sich der Schälradius, und der Schnitt durch die Jahrringe wird bedeutend flacher.

Aus-dem-Herzen-Schälen
Gedrittelte Stämme werden eingespannt und von innen heraus (aus dem Herzen) geschält. Dadurch entstehen breite Furniere mit einem streifigen Bild.

Lagerung der Furniere
Nach dem Messern beziehungsweise Schälen müssen die noch feuchten Furnierblätter behutsam technisch getrocknet werden. Anschließend werden sie zu Bündeln von je 16, 24 oder 32 Blatt gebunden und entsprechend der ursprünglichen Stammform zusammengestellt gestapelt. Die Furniere sollten lichtgeschützt in klimatisierten Räumen gelagert werden. Bei unsachgemäßer Lagerung bleichen sie aus oder dunkeln nach, werden spröde oder wellig.

Benennungen der Furniere gemäß ihrer Verwendung beziehungsweise Ansicht

Deckfurnier
die am Objekt äußere und dekorative Furnierlage

Gegenfurnier
Furnierlage ohne dekorativen Anspruch auf der Rückseite der mit Deckfurnier veredelten Sichtseite. Diese Lage soll das Verziehen des Holzes verhindern, das bei einseitigem Furnier unvermeidlich ist.

Außenfurnier
Deckfurnier, die äußere, sichtbare, dekorative Furnierlage

Innenfurnier
Furnier auf den Innenseiten von Möbeln

linke Seite
der Stammmitte des Baums abgewandte Furnierseite

rechte Seite
der Stammmitte des Baums zugewandte Furnierseite

offene Seite
beim Messern oder Schälen dem Messer zugewandte Furnierseite

geschlossene Seite
beim Messern oder Schälen dem Messer abgewandte Furnierseite

10 HOLZWERKSTOFFE

Holzwerkstoffe bestehen aus zerkleinertem Holz, dessen Teile anschließend zusammengefügt wurden. Gezielte Maßnahmen bei der Herstellung verbessern wichtige Eigenschaften des Holzes, etwa Festigkeit, Biegefestigkeit, mechanische Beanspruchbarkeit, Formbeständigkeit, Schwundverhalten, Verhalten bei Nässe. Auch minderwertiges Holz oder Holzabfälle lassen sich so ökologisch verwerten. Die Eigenschaften des Holzwerkstoffs werden von den verwendeten Holzarten und -qualitäten, aber auch ganz entscheidend von den eingesetzten Leimen (Bindemitteln) beeinflusst. Dies trifft besonders auf die Wasser- und damit Wetterbeständigkeit zu.

10.1 Klebstoffe und ihre Anwendungsgebiete

Mischungen der Leime sind in dieser Tabelle nicht berücksichtigt. Synthetische[29] Klebstoffe werden auch als Kunstharzklebstoffe bezeichnet. Reaktionsklebstoffe reagieren durch Polyaddition oder Polykondensation und erzielen besonders gute Eigenschaften.

Klebstoffe und ihre Anwendungsgebiete		Spanplatten V20 für Innen	Spanplatte V100 wetterfest	Hartfaserplatten	Mitteldichte Faserplatten (MDF)	Sperrholz	Konstruktiver Holzleimbau	Furnierung	Möbelherstellung
Polyvinylacetat-Leim (Weißleim)	PVAc							x	x
Harnstoff-Formaldehydharz-Leim	UF	x			x	x		x	x
Phenol- Formaldehydharz-Leim	PF		x	x	x	x			
Melamin- Formaldehydharz-Leim	MF		x		x	x	x		
Resorcin-Phenol-Formaldehydharz-Leim	RF						x		
Polymethylendiisocyanat-Leim	PMDI	x	x		x	x			
Zement			x		x				
Gips		x			x				

29 synthetische = künstlich hergestellte Leime

10.1.1 Polyvinylacetat-Leim (Handelsbezeichnung Weißleim)

Der milchig weiße Leim enthält als Bindemittel Polyvinylacetat in Form einer Dispersion. Die Trocknung erfolgt durch den sogenannten kalten Fluss: das Wasser verdunstet, und die Kunststoffteilchen verkleben und verfließen ineinander. Diese physikalische Trocknung ist sehr temperaturabhängig und kommt unter 5 °C (278 K) praktisch zum Erliegen, weil der kalte Fluss nicht mehr stattfinden kann. Die Leime sind sehr frostempfindlich. Da sie bei Feuchtigkeit aufquellen, sind die Verleimungen nur gering wasserbeständig. Dies schränkt die Verwendung ein, dennoch ist Weißleim hinter Harnstoffharzleim der wichtigste Leim in der Möbelherstellung.

10.1.2 Harnstoff-Formaldehydharz-Leim (UF)

Harnstoff-Formaldehydharz-Leime sind die wichtigsten Klebstoffe zur Herstellung von Holzwerkstoffen und Möbeln. Sie werden für Massivholzplatten, Sperrholz, Spanplatten und MDF-Platten eingesetzt. Wichtige positive (+) und negative (-) Eigenschaften der Harnstoff-Formaldehydharz-Leime:
+ wenig organische Lösemittel, da wässeriges System
+ gut mit anderen Bindemitteltypen zu kombinieren
+ Kaltkleben ist möglich
+ hohe Festigkeit der Verleimung
+ farblos, wodurch die Leimfuge fast unsichtbar ist
+ gut zu beschichten
+ günstiger Preis
− die Verleimung ist feuchtigkeitsempfindlich

10.1.3 Phenol-Formaldehydharz-Leim (PF)

Verklebungen mit Phenol-Formaldehydharz-Leim sind sehr feuchtigkeitsbeständig. So werden die Leime besonders für Holzwerkstoffe, die gegen hohe Luftfeuchtigkeit beständig sein müssen, und für den Holzleimbau verwendet. Wichtige positive und negative Eigenschaften der Phenol-Formaldehydharz-Leime:
+ hohe Feuchtigkeits- und Witterungsbeständigkeit
+ keine Formaldehydabgabe
− langsamere Erhärtung
− dunkle Farbe der Leimfuge
− bei gerbsäurereichen Hölzern sind Probleme in der Verleimung wie Reduzierung der Klebekraft oder Verfärbung der Leimfuge möglich

10.1.4 Melamin-Formaldehydharz-Leim (MF)

Melaminharz-Formaldehydharz-Leim hat die guten Eigenschaften von Harnstoff-Formaldehydharz-Leim, ist aber beständiger gegen Feuchtigkeit. Wegen des höheren Preises wird dieser Leim nur eingesetzt, wenn diese hohe Beständigkeit gegen Feuchtigkeit gewünscht ist.

10.1.5 Resorcin-Formaldehydharz-Leim (RF)

Dieser Leim ist teurer als Phenol-Formaldehydharz-Leim. So wird er trotz seiner guten Qualität nur für Spezialzwecke wie den Holzleimbau und den Bootsbau eingesetzt.

10.1.6 Polymethylendiisocyanat-Leim (PMDI)

Dieser Klebstoff erreicht die größte Klebekraft. Die Verklebung erfolgt physikalisch durch Adhäsion und kann zusätzlich durch die Reaktion des Isocyanats mit chemischen Gruppen im Holz verstärkt werden; so kann Isocyanat mit OH-Gruppen im Holz, zum Beispiel in der Zellulose, reagieren.

10.1.7 Zement

Das mineralische Bindemittel Portlandzement erschwert die Brennbarkeit und verbessert so die Feuerschutzwirkung von Platten, die mit diesem Zement gebunden sind. Die Platten sind wetterbeständig; mit Feuchtigkeit reagieren sie alkalisch. Die Alkalität schützt vor Algen- und Pilzbewuchs. Nicht alkalibeständige Beschichtungsstoffe aber werden zerstört. Das Bindemittel dieser alkaliempfindlichen Beschichtungsmittel ist ein Ester, der durch die sich bei der Erhärtung des Zementes bildende Kalklauge verseift und so wasserlöslich wird.

10.1.8 Gips

Das mineralische Bindemittel Gips setzt die Brennbarkeit herab und verbessert so die Feuerschutzwirkung mit Gips gebundener Platten. Die Platten sind nicht wetterbeständig, also nur für den Innenraum geeignet.

10.1.9 Schmelzklebstoffe

Als Schmelzklebstoffe werden thermoplastische Kunststoffe verwendet. Die als Pulver oder Granulat eingesetzten Kleber enthalten keine Lösemittel. Beim Erhitzen werden die Klebstoffe flüssig, beim Abkühlen erstarren sie innerhalb weniger Sekunden. So eignen sich die Schmelzklebstoffe besonders für die Kaschierung von Kanten und für Montageverklebungen.
Reaktive Schmelzklebstoffe enthalten als Bindemittel feuchtigkeitshärtende Polyurethane. Deshalb müssen diese Kleber vor Feuchtigkeit geschützt gelagert und verarbeitet werden. Nach dem Aushärten sind die Verklebungen im Gegensatz zu den üblichen Schmelzklebstoffen bis zu 200 °C (473 K) hitzebeständig.

10.2 Das Problem Formaldehyd

Aus Holzwerkstoffen, die mit Harnstoff- oder Melamin-Formaldehydharzen hergestellt werden, kann nachträglich Formaldehyd austreten. Die Menge des möglicherweise austretenden Formaldehyds ist bei Spanplatten und Holzfaserplatten am größten. Das farblose, stechend riechende Formaldehydgas kann Augen und Schleimhäute reizen; seit mindestens drei Jahrzehnten wird darüber diskutiert, ob Formaldehyd auch Krebs auslösen kann. Der Mensch nimmt Formaldehyd ab 0,2 bis 1,0 ppm[30] wahr. Bereits 1980 wurde die Formaldehyd-Richtlinie erlassen. Darin wurden die Emissionsklassen E1, E2 und E3 definiert. Entsprechend der Gefahrstoffverordnung dürfen seit dem 01.01.1988 nur Möbel, Spanplatten und Hartfaserplatten in den Verkehr gebracht werden, wenn sie der Emissionsklasse E1 entsprechen. Der maximal zulässige Emissionswert der E1-Platten liegt unter 0,1 ppm Formaldehyd, das bedeutet unter 0,1 mg Formaldehyd je 100 g Holzwerkstoff.

10.3 Beanspruchungsgruppen der Holzklebstoffe

Für Holzklebstoffe sind in der DIN EN 12765 *Klassifizierung von duroplastischen Holzklebstoffen für nichttragende Anwendungen* Beanspruchungsgruppen für bestimmte Einsatzbereiche festgelegt:
C1   Innenbereich bei max. 15 % Holzfeuchte
C2   Innenbereich mit gelegentlicher kurzzeitiger Wassereinwirkung und/oder gelegentlicher hoher Luftfeuchtigkeit mit einem Anstieg der Holzfeuchtigkeit auf 18 %
C3   Innenbereich mit häufiger kurzzeitiger Wassereinwirkung und/oder hoher Luftfeuchtigkeit, witterungsgeschützter Außenbereich
C4   Innenbereich mit häufiger lang anhaltender Wassereinwirkung; im Außenbereich der Witterung ausgesetzt, jedoch mit ausreichendem Oberflächenschutz

In der DIN EN 204 *Klassifizierung von thermoplastischen Holzklebstoffen für nichttragende Anwendungen* werden die Beanspruchungsgruppen mit D1 bis D4 angegeben.

---

30 ppm = *parts per million* = 1 Millionstel Teil.

10.4 Nutzungsklassen der Holzwerkstoffe

Holzwerkstoffe werden nach DIN EN 1995-1-1 *Eurocode 5: Bemessung und Konstruktion von Holzbauten – Teil 1-1: Allgemeines – Allgemeine Regeln für den Hochbau* entsprechend ihrer möglichen Einsatzbereiche in Nutzungsklassen eingeteilt:

Nutzungsklasse	Einsatzbereiche	Belastung
Nutzungsklasse 1	Trockenbereich	Die Temperatur von 20°C (293 K) und die rel. Luftfeuchtigkeit von max. 65% werden nur einige Wochen im Jahr überschritten.
Nutzungsklasse 2	Feuchtbereich	Die Temperatur von 20°C (293 K) und die rel. Luftfeuchtigkeit von max. 85% werden nur einige Wochen im Jahr überschritten.
Nutzungsklasse 3	Außenbereich	Die Klimabedingungen führen zu höherer Feuchtigkeitsbelastung als in der Nutzungsklasse 2 angegeben.

Gleichgewichtsfeuchte[31] und Einsatzbedingungen der Holzwerkstoffe nach DIN EN 12827 *Holzwerkstoffe – Leitfaden für die Verwendung von tragenden Platten in Böden, Wänden und Dächern*

Nutzungsklasse	Üblicher Bereich der relativen Luftfeuchte (RF) bei 20 °C (293 K)	Gleichgewichtsfeuchte (GF)	Belastung
Nutzungsklasse 1	30%–65 %	4 %–11 %	Einbau im Trockenen, keine Nässegefahr
Nutzungsklasse 2	≥ 65%–85 %	11 %–17 %	Nässegefahr beim Einbau, gelegentliche Nässegefahr
Nutzungsklasse 3	> 85 %	> 17 %	Gefahr regelmäßigen Nasswerdens im Einsatz

31 Gleichgewichtsfeuchte (Luftausgleichsfeuchte) ist die Feuchtigkeit im Holz, die sich in Abhängigkeit zur Luftfeuchtigkeit einstellt und sich analog zu den Veränderungen der Luftfeuchtigkeit ständig reguliert. Die Luftausgleichsfeuchte wird möglich, weil in den feinen Kapillaren ein geringerer Sättigungsdampfdruck herrscht. Deshalb kondensiert der Wasserdampf in den Kapillaren früher als im freien Raum.

Für den Außenbereich sind nur Holzwerkstoffe der Nutzungsklasse 3 geeignet. Selbst bei feuchtigkeitsbeständiger Verleimung kann es zu extremen Schäden an den Platten kommen, wenn zum Beispiel an ungeschützten Kanten Wasser eindringen kann. Auch beim Einsatz wasserbeständiger Leime sind Schäden möglich, wenn sich durch die feuchtigkeitsbedingten Veränderungen im Holz Spannungen aufbauen, die letztlich zum Spalten der Holzschicht führen.

Es empfiehlt sich, dem Auftraggeber vor der Beschichtung schriftlich die Bedenken mitzuteilen, wenn derartige Werkstoffe im Außenbereich beschichtet werden sollen und ein allseitiger Feuchtigkeitsschutz nicht zuverlässig möglich ist. Die VOB *Vergabe und Vertragsordnung für Bauleistungen* fordert dies ausdrücklich.

10.5 Massivholzplatten (SWP)

Massivholzplatten (SWP)[32] sind Platten, die aus Holzstücken bestehen, die an den Schmalseiten und, falls mehrlagig, an den Breitseiten miteinander verleimt sind. Mehrlagige Massivholzplatten bestehen aus mindestens drei Lagen verleimter Massivholzschichten. In den beiden äußeren Decklagen läuft die Maserung parallel, die mittlere Lage ist um 90 Grad versetzt verleimt. Zur Verklebung der Platten dürfen nur duromere Klebstoffe eingesetzt werden. Nach DIN EN 12775 *Massivholzplatten – Klassifizierung und Terminologie* sind folgende Klassifizierungen der Massivholzplatten üblich:

1. **Nach dem Plattenaufbau**
– einlagige Platten
– mehrlagige Platten
2. **Nach dem Verwendungsbereich**
– SWP/1: Nutzungsklasse 1; Platten zur Verwendung im Trockenbereich
– SWP/2: Nutzungsklasse 2; Platten zur Verwendung im Feuchtbereich
– SWP/3: Nutzungsklasse 3; Platten zur Verwendung im Außenbereich
3. **Nach den mechanischen Eigenschaften**
– Platten für allgemeine Zwecke
– Platten für tragende Zecke
4. **Nach der Holzart in der Decklage**
– Nadelholzplatten
– Laubholzplatten
5. **Nach der Länge der Holzstücke in der Decklage**
– Platten mit gekürzten Holzstücken (SC = showing cuts)
– Platten mit ungekürzten Holzstücken (NC = no cuts)
6. **Nach der Holzbeschaffenheit**
– Rohplatten
– geschliffene Platten
– Strukturplatten
– oberflächenbehandelte Platten, z. B. beschichtete Platten
7. **Nach der Erscheinungsklasse nach EN 13017 Massivholzplatten; Klassifizierung nach dem Aussehen der Oberfläche**
– Klasse 0-C; Klasse 0 ist die hochwertigste
– Klasse S; Platten für tragende Zwecke

Einschicht-Massivholzplatte

Die Beurteilung der Erscheinungsklasse muss bei einlagigen Massivholzplatten auf der besseren Brettseite der Platte erfolgen. In der Beschreibung der Platte wird nur die Erscheinungsklasse der besseren Seite angegeben.

---

32 SWP = *solid wood panels*
DIN EN 12775 *Massivholzplatten – Klassifizierung und Terminologie*
EN 13017-1 *Massivholzplatten; Klassifizierung nach dem Aussehen der Oberfläche, Teil 1 Nadelholz*
EN 13017-2 *Massivholzplatten; Klassifizierung nach dem Aussehen der Oberfläche, Teil 2 Laubholz*
DIN EN 13353 *Massivholzplatten – Anforderungen*

Erscheinungsklassen der einlagigen Massivholzplatten nach EN 13017-1 *Massivholzplatten; Klassifizierung nach dem Aussehen der Oberfläche, Teil 1 Nadelholz*

Merkmale	Erscheinungsklassen			
	O	A	B	C
Verklebung	keine offenen Klebefugen	keine offenen Klebefugen	keine offenen Klebefugen	offene Fugen ≤ 100 mm/1 m Klebefuge zulässig
Holzartenmischung	nicht zulässig	nicht zulässig	nicht zulässig	nicht zulässig
Textur[1]/Faser	feine Textur und Faserverlauf	feine Textur und Faserverlauf	grobe Textur und Faserneigung zulässig	keine Anforderungen
Punktäste[2]	nicht mehr als 4 je m² zulässig	zulässig	zulässig	zulässig
gesunde, fest verwachsene Äste	bei Fichte bis 20 mm Ø, bei Kiefer und Lärche bis 35 mm Ø	bei Fichte bis 30 mm Ø, bei Kiefer und Lärche bis 50 mm Ø	zulässig	zulässig
schwarze Äste	nicht zulässig	vereinzelt zulässig	vereinzelt zulässig	zulässig
Harzgallen	nicht zulässig	vereinzelt bis 3 × 50 mm zulässig	zulässig bis 5 × 50 mm	zulässig
ausgebesserte Harzgallen	nicht zulässig	vereinzelt zulässig	vereinzelt zulässig	zulässig
Rindeneinwuchs	nicht zulässig	nicht zulässig	vereinzelt zulässig	zulässig

1 Textur = strukturelle Beschaffenheit der Holzoberfläche, das Holzbild
2 Holzast mit einem Durchmesser von höchstens 5 mm. Punktäste bleiben bei der Gütesortierung von Holz meist unberücksichtigt

Merkmale	Erscheinungsklassen			
	O	A	B	C
Markröhre	nicht zulässig	vereinzelt bis 200 mm Länge zulässig	zulässig	zulässig
Druckholz	nicht zulässig	vereinzelt Streifen zulässig	zulässig	zulässig
Insektenbefall	nicht zulässig	nicht zulässig	nicht zulässig	vereinzelt kleine Löcher von nicht aktiven Larven zulässig
Verfärbung	nicht zulässig	nicht zulässig	leichte Verfärbung zulässig	zulässig
Fäule	nicht zulässig	nicht zulässig	nicht zulässig	nicht zulässig
Splint	bei Kiefer zulässig, bei Lärche schmale Streifen zulässig	bei Kiefer zulässig, bei Lärche schmale Streifen zulässig	zulässig	zulässig
Dicke der Klebefuge	max. 0,2 mm	max. 0,2 mm	max. 0,3 mm	keine Anforderung
Qualität der Oberflächenbehandlung	ohne Fehlstellen	ohne Fehlstellen	Fehlstellen vereinzelt zulässig	keine Anforderung
Qualität der Schmalseiten und der Stirnseiten	ohne Fehlstellen	vereinzelt kleine Fehler bis 5 mm von der Schmalseite entfernt zulässig	Fehler bis 10 mm von der Schmalseite entfernt zulässig	vereinzelt Fehler bis 50 mm von der Schmalseite entfernt zulässig
Breite des Einzelstücks	mind. 18 mm (gilt nicht für den Randbereich)	mind. 18 mm (gilt nicht für den Randbereich)	mind. 18 mm (gilt nicht für den Randbereich)	keine Anforderung
Länge der Stücke bei Plattentyp SC	gekürzte Holzstücke nicht zulässig	mind. 150 mm	mind. 150 mm	keine Anforderung

Erscheinungsklassen der ein- und mehrlagigen Massivholzplatten nach EN 13017-2 *Massivholzplatten; Klassifizierung nach dem Aussehen der Oberfläche, Teil 2 Laubholz*

Merkmale	Erscheinungsklassen		
	A	B	C
Verklebung	Decklage gut verklebt, geschlossene Fugen an Schmal- und Breitseiten	Decklage gut verklebt, geschlossene Fugen an Schmal- und Breitseiten	Decklage gut verklebt, keine Anforderung an die Verklebung an der Schmalseite
Aussehen und Farbe	ausgeglichenes, ausgewogenes Erscheinungsbild	auffallendes und rustikales Erscheinungsbild zulässig	keine Anforderungen
Textur	für die Holzart typische, gleichmäßige Textur erforderlich	grobe Textur zulässig	keine Anforderungen
Braun-, Nass-, Spitzkern	nicht zulässig	nicht zulässig[1]	zulässig
Holzstrahlen	zulässig	zulässig	zulässig
Splintholz	zulässig[2]	zulässig[3]	zulässig
Wimmerwuchs[4]	zulässig	zulässig	zulässig
schlafende Augen[5]	zulässig	zulässig	zulässig
Punktäste	zulässig	zulässig	zulässig
gesunde, festverwachsene Äste	zulässig bis 10 mm Ø, einzelne bis 25 mm Ø	zulässig bis 30 mm Ø	zulässig
lose Äste, Ausbesserungen	nicht zulässig	lose Äste und Flickstellen oder Dübelungen in Reihen sind nicht zulässig, Ausbesserungen oder Dübel bis 30 mm Ø zulässig	zulässig, auch ohne Ausbesserung

Merkmale	Erscheinungsklassen		
	A	B	C
Risse	nicht zulässig	einzelne Risse bis 2 × 50 mm zulässig, Risse nahe der Kanten bis 1 × 100 mm zulässig	zulässig
Rindeneinwuchs	nicht zulässig	nicht zulässig	zulässig
Insektenbefall	nicht zulässig	nicht zulässig	nicht zulässig
Fäule	nicht zulässig	geringe Verfärbung zulässig	geringe Verfärbung zulässig
Pilzbefall	nicht zulässig	nicht zulässig	nicht zulässig
offene Fugen	nicht zulässig	nahe der Kanten bis zu 1 × 200 mm zulässig	zulässig
Dicke der Klebefuge	max. 0,2 mm	max. 0,2 mm	keine Anforderung
Länge der Stücke bei Plattentyp SC	mind. 150 mm	mind. 150 mm	mind. 150 mm

1 Braunkern ist bei Esche, Rotkern bei Buche zulässig.
2 Bei Eiche, Kirsche, Ulme, Edelkastanie und Robinie ist Splintholz in der Klasse A nicht zulässig.
3 Bei Eiche und Edelkastanie ist Splintholz in der Klasse B nicht zulässig.
4 Als Wimmerwuchs bezeichnet man den welligen Verlauf der Fasern, aber auch unregelmäßig verdrehte Fasern und verformte Jahrringe werden als Wimmer bezeichnet.
5 Schlafende Augen, in der Botanik als Proventivknospe (von lat. provenire = hervorkommen) bezeichnet, werden vom Baum bereits im jungen Stadium der betreffenden Stelle, z.B. Ast oder Stamm, gebildet. Sie sitzen unter der Rinde und sind kaum oder nicht erkennbar. Dort können sie Jahre, sogar Jahrzehnte lebensfähig bleiben. Die Aufgabe der schlafenden Knospen ist einzig und allein die Wiederherstellung verlorener Organe (Äste, Zweige oder auch des kompletten Stammes).

Mehrschicht-Massivholzplatten müssen nach Norm symmetrisch aufgebaut sein. Die Deckplatten von Platten für tragende Zwecke (Klasse S) müssen mindestens 5 mm dick sein.
Die Beurteilung der Erscheinungsklasse muss bei mehrlagigen Massivholzplatten auf Vorder- und Rückseite der Platte erfolgen. Die Erscheinungsklasse von Vorder- und Rückseite wird durch einen Schrägstrich getrennt angegeben, zum Beispiel A/B.

Mehrschicht-Massivholzplatte

Erscheinungsklassen der mehrlagigen Massivholzplatten nach EN 13017-1 *Massivholzplatten; Klassifizierung nach dem Aussehen der Oberfläche, Teil 1 Nadelholz*

Merkmale	Erscheinungsklassen				
	0	A	B	C	S
Verklebung	keine offenen Klebefugen	keine offenen Klebefugen	offene Fugen ≤ 100 mm/1 m Klebefuge zulässig	offene Fugen ≤ 100 mm/1 m Klebefuge zulässig	offene Fugen ≤ 100 mm/1 m Klebefuge zulässig
Holzartenmischung	nicht zulässig	nicht zulässig	nicht zulässig, bei Fichte ist jedoch ein Anteil von 10%, bei Tanne gleichmäßig verteilt zulässig	zulässig	zulässig
Aussehen und Farbe	in Farbe und Textur gut ausgeglichen	in Farbe und Textur gut ausgeglichen	in Farbe und Textur weitgehend ausgeglichen	keine Anforderungen	keine Anforderungen
Textur	grobe Textur nicht zulässig	grobe Textur zulässig	grobe Textur zulässig	keine Anforderungen	keine Anforderungen
Äste	gesunde, festverwachsene Äste bei Fichte bis 30 mm Ø, bei Kiefer und Lärche bis 50 mm Ø	gesunde, festverwachsene Äste bei Fichte bis 40 mm Ø, bei Kiefer und Lärche bis 60 mm Ø, einzelne schwarze Äste zulässig	gesunde, festverwachsene Äste und einzelne schwarze Äste zulässig	zulässig	gesunde, festverwachsene Äste bis 60 mm Ø und einzelne Astlöcher bis 10 mm Ø zulässig
Dübel	vereinzelt Naturastdübel zulässig[1]	Naturastdübel zulässig	zulässig	zulässig	bis 40 mm Ø zulässig
Harzgallen	vereinzelt bis 2 × 30 mm zulässig	vereinzelt bis 3 × 40 mm zulässig	vereinzelt bis 5 × 50 mm zulässig	zulässig	bis 5 × 50 mm zulässig
ausgebesserte Harzgallen	Dübel vereinzelt zulässig	zulässig	zulässig	zulässig	zulässig
Rindeneinwuchs	nicht zulässig	nicht zulässig	vereinzelt zulässig	nicht zulässig	vereinzelt zulässig
Risse	vereinzelte Oberflächenrisse zulässig	vereinzelte Oberflächenrisse zulässig	Oberflächenrisse und Endrisse bis 50 mm Länge zulässig	zulässig	je 1 m² ist ein Riss bis zu 1 mm Breite und 500 mm Länge zulässig

[1] Naturastdübel sind Dübel, die aus einem natürlichen Ast hergestellt wurden und daher an ihren Kreisflächen die natürlichen kreisförmigen Wachstumsringe zeigen.

Merkmale	Erscheinungsklassen				
	0	A	B	C	S
Markröhre	nicht zulässig	vereinzelt bis 400 mm Länge zulässig	zulässig	zulässig	zulässig
Druckholz	nicht zulässig	vereinzelt zulässig	zulässig	zulässig	zulässig bis 40% der Plattenbreite
Insektenbefall	nicht zulässig	nicht zulässig	nicht zulässig	vereinzelt kleine Löcher von nicht aktiven Larven zulässig	zulässig
Verfärbung	nicht zulässig	nicht zulässig	leichte Verfärbung zulässig	zulässig	zulässig
Fäule	nicht zulässig	nicht zulässig	nicht zulässig	nicht zulässig	nicht zulässig
Splint	bei Kiefer zulässig, bei Lärche bis 20% der Lamellenbreite zulässig	bei Kiefer zulässig, bei Lärche bis 20% der Lamellenbreite zulässig	zulässig	zulässig	zulässig
Dicke der Klebefuge	max. 0,2 mm	max. 0,2 mm	max. 0,3 mm	keine Anforderung	max. 0,3 mm
Qualität der Oberflächenbearbeitung	ohne Fehlstellen	vereinzelt kleine Fehlstellen zulässig	vereinzelt Fehlstellen zulässig	keine Anforderung	vereinzelt kleine Fehlstellen zulässig
Qualität der Schmalseiten und der Stirnenden	ohne Fehlstellen	vereinzelt kleine Fehlstellen zulässig	vereinzelt Fehlstellen zulässig	keine Anforderung	ohne Fehlstellen
Breite der Einzellamelle	mind. 60 mm (gilt nicht für Kantenlamelle)	mind. 60 mm (gilt nicht für Kantenlamelle)	keine Anforderung	keine Anforderung	mind. 30 mm, max. 180 mm (gilt nicht für Kantenlamelle)
Zuschnitt der Lamellen	parallel zugeschnitten	parallel zugeschnitten	parallel zugeschnitten	parallel od. konisch zugeschnitten	parallel od. konisch zugeschnitten
Endverbindungen der Lamellen	nicht zulässig	nicht zulässig	Keilzinkung oder gleichwertige Verbindung zulässig	zulässig	Keilzinkung oder gleichwertige Verbindung zulässig

Der Feuchtegehalt der Massivholzplatten muss nach DIN EN 322 *Holzwerkstoffe; Bestimmung des Feuchtegehaltes* für die Verwendung im Trockenbereich 8 ± 2 %, für die Verwendung im Feuchtebereich 12 ± 3 % betragen. Die mögliche Formaldehydabgabe ist bei den Massivholzplatten mit der Formaldehydklasse E1 oder E2 anzugeben. Jede Einzelplatte ist wie folgt zu kennzeichnen:
– Name des Herstellers oder Kurzzeichen oder Zeichen
– Erscheinungsklasse der Oberfläche, bei mehrlagigen Platten die Erscheinungsklasse der Vorder- und der Rückseite
– Datum der Herstellung (oder Datumscode)

Jedes Paket von Massivholzplatten muss zusätzlich folgende Kennzeichnungen enthalten:
– Nummer der Europäischen Norm DIN EN 13353 *Massivholzplatten (SWP) – Anforderungen*
– Bezeichnung des Plattentyps, einlagig oder mehrlagig
– Holzart(en)
– Nennmaße in Millimeter (Dicke, Breite, Länge)
– Nutzungsklasse 1, 2 oder 3 oder Kurzzeichen SWP/1, SWP/2, SWP/3
– Formaldehydklasse nach DIN 13986

10.6 Sperrholz

Sperrholz[33] ist der Sammelbegriff für Holzwerkstoffe, die aus einem Verbund miteinander verklebter Lagen bestehen. Die Fasern der aufeinander folgenden Lagen ist meist rechtwinkelig zueinander angeordnet.

Benennungen und Definitionen für die Sperrholzarten nach EN 313-3 Sperrholz – Klassifizierung und Terminologie (Auszug aus der Norm)

Symmetrisches Sperrholz Sperrholz, dessen Lagen bezüglich Dicke, Faserverlauf und Holzart symmetrisch zur zentralen Lage angeordnet ist

Furniersperrholz Sperrholz, bei dem alle Lagen aus parallel zur Plattenebene liegenden Furnieren bestehen

Mittellagen-Sperrholz Sperrholz mit einer Mittellage

Stabsperrholz Mittellagen-Sperrholz, dessen Mittellage aus verklebten oder nicht verklebten 7 mm bis 30 mm breiten Vollholzstäben besteht

Stäbchensperrholz Mittellagen-Sperrholz, dessen Mittellage aus max. 7 mm breiten und hochkant angeordneten Schälfurnierstreifen bestehen. Auf jeder Seite der Mittellage sind mindestens zwei gekreuzte Lagen angeordnet.

Verbundsperrholz Mittellagen-Sperrholz, dessen Mittellage nicht aus Vollholz oder Furnieren besteht. Auf jeder Seite der Mittellage sind mindestens zwei gekreuzte Lagen angeordnet.

Formsperrholz gewölbtes, in einer Formpresse hergestelltes Sperrholz, zum Beispiel für Sitzmöbel

Längsfaser-Sperrholz Sperrholz, dessen Faserrichtung der Decklagen parallel oder annähernd parallel zum großen Plattenmaß verläuft

Querfaser-Sperrholz Sperrholz, dessen Faserrichtung der Decklagen parallel oder annähernd parallel zum kleinen Plattenmaß verläuft

Furniertes Sperrholz Sperrholz, das mit dekorativem Furnier beschichtet ist

Die Klassifizierung von Sperrholz erfolgt nach dem Aussehen der Oberfläche anhand der Anzahl und Größe von natürlichen Holzmerkmalen und fertigungsbedingten Fehlern. Es werden fünf Erscheinungsklassen unterschieden mit den Kurzbezeichnungen E, I, II, III und IV. Kriterien für die Einteilung in die Erscheinungsklassen sind:

natürliche, holzeigene Merkmale	fertigungsbedingte Fehler
– Punktäste	– offene Fugen
– gesunde, fest verwachsene Äste	– Überlappungen
– lose Äste	– Kürschner
– Astlöcher	– Hohlstellen
– Risse	– Druckstellen
– Insektenbefall	– Auftreibungen
– Pilzbefall, z. B. Bläue	– Rauigkeit
– Harzgallen	– Durchschliff
– eingewachsene Rinde	– Leimdurchschlag
– streifige Harzzonen	– Fremdpartikel in der Oberfläche
– Unregelmäßigkeiten in der Holzstruktur	– Ausbesserungen
– Falschkern	– Fehler an den Plattenkanten

---

33 EN 313-1 *Sperrholz – Klassifizierung und Terminologie; Klassifizierung*
EN 313-2 *Sperrholz – Klassifizierung und Terminologie; Terminologie*
EN 314-1 *Sperrholz – Qualität der Verklebung; Prüfverfahren*
EN 314-2 *Sperrholz – Qualität der Verklebung; Anforderungen*
DIN EN 315 *Sperrholz ; Maßtoleranzen*
EN 635-1 *Sperrholz; Klassifizierung nach dem Aussehen der Oberfläche, Teil 1 Allgemeines*
EN 635-2 *Sperrholz; Klassifizierung nach dem Aussehen der Oberfläche, Teil 2 Laubholz*
EN 635-3 *Sperrholz; Klassifizierung nach dem Aussehen der Oberfläche, Teil 3 Nadelholz*
EN 635-4 *Sperrholz; Klassifizierung nach dem Aussehen der Oberfläche, Teil 4 Einflussgrößen auf die Eignung zur Oberflächenbehandlung*

Klassifizierung von Sperrholz nach EN 635-2 *Klassifizierung nach dem Aussehen der Oberfläche bei Laubholz in Erscheinungsklassen* und EN 635-3 *Klassifizierung nach dem Aussehen der Oberfläche bei Nadelholz in Erscheinungsklassen*

Merkmale	Erscheinungsklasse				
	E	I	II	III	IV
Punktäste	nicht zulässig	3 je m² zulässig	zulässig	zulässig	zulässig
gesunde, festverwachsene Äste	praktisch einwandfrei	zulässig bis zu 15 mm Ø Einzeldurchmesser, vorausgesetzt die Summe der Ø überschreitet nicht 30 mm je m²	zulässig bis zu 35 mm Ø Einzeldurchmesser, bei Nadelholz 50 mm Ø Einzeldurchmesser	zulässig bis zu 50 mm Ø Einzeldurchmesser, bei Nadelholz 60 mm Ø Einzeldurchmesser	holzeigene Merkmale sind zulässig, wenn sie die Verwendbarkeit nicht beeinträchtigen
angefaulte oder lose Äste und Astlöcher	praktisch einwandfrei	zulässig bis 6 mm Ø, wenn ausgekittet und höchstens 2 je m²	zulässig bis 5 mm Ø, wenn nicht ausgebessert, 10 mm, wenn ausgekittet und höchstens 3 je m², bei Nadelholz 25 mm, wenn ausgekittet und max. 6 Stück je m²	zulässig bis 40 mm Ø	holzeigene Merkmale sind zulässig, wenn sie die Verwendbarkeit nicht beeinträchtigen
geschlossene Risse	zulässig	zulässig	zulässig	zulässig	zulässig
offene Risse	–	zulässig, wenn kürzer als ¹⁄₁₀ der Plattenlänge und nicht breiter als 3 mm und nicht mehr als 3 Stück je m², wenn ausgekittet	zulässig, wenn kürzer als ⅕ der Plattenlänge und nicht breiter als 5 mm und nicht mehr als 3 Stück je m², wenn ausgekittet	zulässig, wenn kürzer als ⅓ der Plattenlänge und nicht breiter als 20 mm und nicht mehr als 3 Stück je m²	holzeigene Merkmale sind zulässig, wenn sie die Verwendbarkeit nicht beeinträchtigen
Insektenbefall	nicht zulässig	nicht zulässig	Fraßgänge zulässig bis zu 3 mm Ø quer zur Plattenebene, höchstens 10 je m²	Fraßgänge zulässig bis zu 15 mm Breite und 60 mm Länge, höchstens 3 je m²	zulässig, wenn die Verwendbarkeit nicht beeinträchtigt wird
eingewachsene Rinde	nicht zulässig	nicht zulässig	zulässig in einer Breite von 5 mm, wenn sorgfältig ausgekittet	zulässig in einer Breite von 25 mm	zulässig, wenn die Verwendbarkeit nicht beeinträchtigt wird

Merkmale	Erscheinungsklasse				
	E	I	II	III	IV
Unregelmäßigkeiten der Holzstruktur	praktisch einwandfrei	zulässig, wenn sehr gering	zulässig, wenn gering	zulässig	zulässig
nicht holzzerstörende Verfärbungen	nicht zulässig	zulässig bei geringem Farbtonunterschied	zulässig bei geringem Farbtonunterschied	zulässig	zulässig
holzzerstörender Pilzbefall	nicht zulässig	nicht zulässig	nicht zulässig	nicht zulässig	nicht zulässig
offene Fugen	nicht zulässig	nicht zulässig	zulässig bis zu einer Breite von 3 mm, Fugen mit mehr als 1 mm nur ausgekittet	zulässig bis zu einer Breite von 5 mm bis zu 2 Stück je Plattenbreite	zulässig bis zu einer Breite von 25 mm
Überlappungen	nicht zulässig	nicht zulässig	1 je m² zulässig	2 je m² zulässig	zulässig, wenn die Verwendbarkeit nicht beeinträchtigt wird
Kürschner	nicht zulässig	nicht zulässig	nicht zulässig	nicht zulässig	nicht zulässig
Hohlstellen, Druckstellen, Austreibungen	nicht zulässig	nicht zulässig	zulässig, wenn gering	zulässig	zulässig
Rauigkeit	nicht zulässig	nicht zulässig	zulässig, wenn gering	zulässig	zulässig
Durchschliff	nicht zulässig	nicht zulässig	nicht zulässig	zulässig auf 1 % der Plattenoberfläche	zulässig auf 5 % der Plattenoberfläche
Leimdurchlag	nicht zulässig	nicht zulässig	zulässig, wenn gering und vereinzelt	zulässig auf 5 % der Plattenoberfläche	zulässig, wenn die Verwendbarkeit nicht beeinträchtigt wird
Fremdpartikel	nicht zulässig	nicht zulässig	eisenhaltige Partikel nicht zulässig	eisenhaltige Partikel nicht zulässig	eisenhaltige Partikel nicht zulässig
Ausbesserungen	nicht zulässig	nicht zulässig	zulässig	zulässig	zulässig
Schleif- und Sägefehler	praktisch fehlerfrei	zulässig bis zu einem Abstand von der Plattenkante von 2 mm	zulässig bis zu einem Abstand von der Plattenkante von 5 mm	zulässig bis zu einem Abstand von der Plattenkante von 5 mm	zulässig, wenn die Verwendbarkeit nicht beeinträchtigt wird

Für Sperrholz sind drei Verklebungsklassen üblich:
- Klasse 1: Trockenbereich
- Klasse 2: Feuchtbereich
- Klasse 3: Außenbereich

10.6.1 Furniersperrholz (FU)

Alle Lagen dieses Sperrholzes bestehen aus Furnieren. Die Platten sind symmetrisch aufgebaut, bestehen also aus einer ungeraden Anzahl von 3, 5, 7 oder mehr miteinander verleimten Furnierlagen.

Furniersperrholz

Verwendung finden Furniersperrholzplatten in der Möbelherstellung für Rückwände und Schubladenböden, im Innenausbau, im Bauwesen, in der Autoindustrie und in der Verpackungsindustrie. Die Platten müssen in Deutschland der Emissionsklasse E1 (Formaldehydabgabe < 0,1 ppm) entsprechen.

10.6.2 Baustabsperrholz (BST) und Baustäbchenplatte (BSTAE)

Von Baustabsperrholz[34] spricht man, wenn zwischen zwei Sperrholzplatten eine Mittellage aus verklebten oder nicht verklebten, 7 mm bis 30 mm breiten Vollholzstäben liegt. Von Baustäbchenplatte spricht man, wenn die Mittellage aus max. 7 mm breiten und hochkant angeordneten Schälfurnierstreifen besteht.

Baustabsperrholz (BST)

Baustäbchensperrholz (BSTAE)

Entsprechend der Verleimung unterscheidet man folgende Plattentypen:

BST 20 bzw. BSTAE 20   nicht wetterbeständig verleimtes Bausperrholz bzw. Baustäbchenholz[35]

BST 100 bzw. BSTAE 100   wetterbeständig verleimtes Bausperrholz bzw. Baustäbchenholz[36]

BST 100 bzw. BSTAE 100G   wetterbeständig verleimtes Bausperrholz bzw. Baustäbchenholz, das aufgrund der Verwendung von Holzarten mit hoher Resistenz oder aufgrund der Behandlung mit Holzschutzmitteln dieser Klasse zugeordnet wird

Nach Norm hergestellte Platten müssen folgende Kennzeichnung erhalten:
- Name des Herstellers oder Kurzzeichen oder Zeichen
- DIN Hauptnummer, hier DIN 68 705
- Plattentyp
- Dicke in mm
- fremdüberwachende Stelle

Beispiel: Hersteller – DIN 68 705 – BST 20 – 18 – Prüfstelle

10.7 Spanplatten

Spanplatte mit feiner Decklage

Spanplatten[37] werden unter Hitzeeinwirkung durch Verpressen von kleinen Holzteilen, zum Beispiel Holzspänen, Hobelspänen, Sägespänen oder anderen Zellulose-

---

34 DIN 68705-2 *Sperrholz – Stab- und Stäbchensperrholz für allgemeine Zwecke*
   DIN 68705-4 *Sperrholz – Bau-Stabsperrholz, Bau-Stäbchensperrholz*
35 früher Verleimung IF 20
36 früher Verleimung AW 100
37 DIN EN 309 *Spanplatten – Definition und Klassifizierung*,
   DIN EN 312 *Spanplatten – Allgemeine Anforderungen*

stoffen, mit organischen Leimen hergestellt.[38] Nach dem Zerkleinern von geschlagenem Holz und einer größeren Menge von Holzreststoffen werden die Späne getrocknet und mit den Klebstoffen vermischt.

Zur Kennzeichnung der Verleimung von Spanplatten für den Einsatz im Baubereich gelten folgende Kurzzeichen gemäß der Beständigkeit:

V20   Verleimung beständig bei Verwendung in Räumen mit im Allgemeinen niedriger Luftfeuchtigkeit

V100   Verleimung beständig gegen hohe Luftfeuchtigkeit, begrenzt wetterbeständig

V100G   Beständigkeit wie V100, jedoch mit chemischen Holzschutzmitteln geschützt gegen holzzerstörende Pilze

Zur Kennzeichnung der Verleimung von Spanplatten für den Einsatz im Möbelbau gelten folgende Kurzzeichen und Einsatzgebiete:

FPY   Flachpressplatten für allgemeine Zwecke, z. B. für den Möbel- und Gerätebau

VPO   Flachpressplatten für allgemeine Zwecke und den Möbelbau mit feinspaniger Oberfläche, besonders geeignet, wenn Beschichtungen mit Lacken oder Folien direkt folgen

KF   Beidseitig kunststoffbeschichtete, dekorative Flachpressplatten für allgemeine Zwecke

Spanplatten können für den Außenraum nicht dauerhaft beschichtet werden. Wenn Feuchtigkeit in die Platten gelangt, gibt es Risse und Quellungen.

Klassifizierung der Spanplatten im Hinblick auf ihre Verwendung nach DIN EN 312 *Spanplatten – Allgemeine Anforderungen*

P1   Platten für allgemeine Zwecke zur Verwendung im Trockenbereich

P2   Platten für Inneneinrichtungen, einschließlich Möbel, zur Verwendung im Innenbereich

P3   Platten für nicht tragende Zwecke zur Verwendung im Feuchtbereich

P4   Platten für tragende Zwecke zur Verwendung im Trockenbereich

P5   Platten für tragende Zwecke zur Verwendung im Feuchtbereich

P6   Hoch belastbare Platten für tragende Zwecke zur Verwendung im Trockenbereich

P7   Hoch belastbare Platten für tragende Zwecke zur Verwendung im Feuchtbereich

Spanplatten sind nach DIN 4102 *Brandverhalten von Baustoffen und Bauteilen* normal entflammbar und gehören in die Baustoffklasse B2. Durch Zugabe von 5 bis 15 % Feuerschutzmittel können Spanplatten schwer entflammbar ausgestattet und dann der Baustoffklasse B1 zugeordnet werden.

Nach Norm hergestellte Spanplatten müssen folgende Kennzeichnung enthalten:
– Name des Herstellers oder Kurzzeichen oder Zeichen
– DIN Hauptnummer, hier EN 312 *Spanplatten – Allgemeine Anforderungen*
– Plattentyp, z. B. P5
– Dicke in mm
– Formaldehydklasse
– Chargennummer oder Herstellungswoche und -jahr

Zusätzlich darf eine farbige Kennzeichnung angebracht werden. Es werden jeweils zwei Farben verwendet. Die erste Farbe gibt an, ob die Platten für allgemeine oder für tragende Zwecke vorgesehen sind. Es werden ein oder zwei Streifen dieser Farbe benutzt. Die zweite Farbe gibt an, ob die Platte nur für den Trockenbereich oder auch für den Feuchtbereich geeignet ist. Folgende Farben werden verwendet:
– erste Farbe Weiß: allgemeine Zwecke
– erste Farbe Gelb: tragende Zwecke
– zweite Farbe Blau: Trockenbereich
– zweite Farbe Grün: Feuchtbereich

Daraus ergibt sich die Farbkennzeichnung von Spanplattentypen nach Anforderungen gemäß den Europäischen Normen

---

[38] Spanplatten mit mineralischen Bindemitteln werden bei den Zement- bzw. Gipsspanplatten abgehandelt (siehe Seite 82).

Farbkennzeichnung von Spanplatten nach Europäischen Normen

Anforderungen	Farb-Kennzeichnung	Plattentype
Allgemeine Zwecke, trocken	Weiß, Weiß, Blau	P1
Inneneinrichtungen, trocken	Weiß, Blau	P2
Inneneinrichtungen, feucht	Weiß, Grün	P3
Tragende Zwecke, trocken	Gelb, Gelb, Blau	P4
Tragende Zecke, feucht	Gelb, Gelb, Grün	P5
Tragende Zwecke, hoch belastbar, trocken	Gelb, Blau	P6
Tragende Zwecke, hoch belastbar, feucht	Gelb, Grün	P7

10.8 Flachpressplatten (OSB)

Flachpressplatte

An Flachpressplatten[39] (OSP[40]) sind die langen, schlanken Späne (Strands) in den Außenschichten weitgehend parallel zur Plattenlänge oder -breite ausgerichtet. Die Strands in der Mittelschicht sind meist rechtwinklig zu den Strands der Außenschicht oder auch zufällig angeordnet. Die Platten werden in Dicken zwischen 16 mm und 70 mm hergestellt. Man unterscheidet:
SV = Strangpressvollplatten
SR = Strangröhrenplatten

Beide Arten der Flachpressplatten sind für das Bauwesen weiter unterteilt in
SV   Vollplatte, die Späne liegen meist parallel zur Plattenebene
SR   Röhrenplatte, die Hohlräume verlaufen längs der Herstellungsrichtung
SV1   mit Furnier beplankte Vollplatte, die Verleimung ist beständig bei niedriger Luftfeuchtigkeit
SR1   mit Furnier beplankte Röhrenplatte, die Verleimung ist beständig bei niedriger Luftfeuchtigkeit
SV2   mit Furnier beplankte Vollplatte, die Verleimung ist beständig bei hoher Luftfeuchtigkeit, an den Rändern ist ein zusätzlicher Feuchteschutz erforderlich
SR2   mit Furnier beplankte Röhrenplatte, die Verleimung ist beständig bei hoher Luftfeuchtigkeit, an den Rändern ist ein zusätzlicher Feuchteschutz erforderlich
TSV1 mit Buchefurnier beplankte Platte
TSV2 mit Buchefurnier beplankte Platte mit mindestens 15 mm Vollholzanleimern an den Rändern

---

39 DIN EN 300 *Platten aus langen, ausgerichteten Spänen (OSB) – Definition, Klassifizierung und Anforderungen*
40 *oriented strand boards*

Klassifiziert werden die Platten nach ihren Einsatzbereichen

OSB/1 Platten für den Trockenbereich, zum Beispiel Möbel

OSB/2 Platten für tragende Aufgaben im Trockenbereich

OSB/3 Platten für tragende Aufgaben im Feuchtbereich innen

OSB/4 hochbelastbare Platten für tragende Aufgaben im Feuchtbereich innen

Die Platten müssen in Deutschland der Emissionsklasse E1 (Formaldehydabgabe < 0,1 ppm) entsprechen. Nach Norm hergestellte Platten müssen gemäß DIN 13986 gekennzeichnet werden:
– Name des Herstellers oder Kurzzeichen oder Zeichen
– DIN Hauptnummer, hier EN 300
– Plattentyp
– Dicke in mm
– Hauptachse, wenn diese nicht in der Plattenlängsrichtung liegt
– Klasse des Brandverhaltens
– Formaldehydklasse E1
– Gehalt an Pentachlorphenol, wenn dieser über 5 ppm liegt
– Chargennummer oder Herstellungswoche und -jahr

Wenn bei alten Platten die Kennzeichnungen nicht auf dem Produkt selbst angebracht sind, ist entsprechend der DIN EN 300 *Platten aus langen, schlanken, ausgerichteten Spänen (OSB) – Klassifizierung und Anforderungen* der erste gewerbliche Abnehmer, an den das Produkt geliefert wird, verantwortlich für die Weitergabe aller erforderlichen Angaben.

10.9 Holzfaserplatten

Holzfaserplatten[41] sind plattenförmige Werkstoffe mit einer Dicke von über 1,5 mm; sie werden aus Lignozellulosefasern unter Druck und/oder Hitze hergestellt. Teilweise werden auch synthetische Bindemittel (Leime) zugesetzt.

Übersicht über die verschiedenen Holzfaser-Plattentypen

Faserplattentypen	Kurzzeichen	Dichte	Verwendung
Harte Platten	HB	≥ 900 kg/m³	Möbelrückwände, Schubkastenböden und Fahrzeugbau
Mittelharte Platten* geringer Dichte	MBL	≥ 400 bis < 560 kg/m³	Möbelbau für Leisten und Fronten
Mittelharte Platten hoher Dichte	MBH	≥ 560 bis < 560 kg/m³	Möbelbau für Leisten und Fronten
Poröse Platten	SB	≥ 230 bis < 400 kg/m³	Isolierplatten zum Schall- und Wärmeschutz
Mitteldichte Faserplatten	MDF	≥ 450 kg/m³	Möbel- und Innenausbau, auch mit dreidimensionaler Profilierung

* Mittelharte Platten werden heute nur mehr als MDF-Platten eingesetzt

41 EN 316 *Holzfaserplatten- Definition, Klassifizierung und Kurzzeichen*

Holzfaserplatten dürfen für den Möbel- und Innenausbau wie die Spanplatten max. 0,1 ppm Formaldehyd abgeben, entsprechen damit der Emissionsklasse 1. Nach Norm hergestellte Platten müssen entsprechend den Richtlinien gekennzeichnet werden:
– Name des Herstellers oder Kurzzeichen oder Zeichen
– EN-Nummer für den Holzwerkstoff
– Plattentyp
– Dicke in mm
– Chargennummer oder Herstellungswoche und -jahr

10.9.1 Harte Holzfaserplatten (HB)

Harte Holzfaserplatte

Zur Herstellung der harten Holzfaserplatten (Hartfaserplatten) wird entrindetes Nadel- und Laubholz, meist aus Abfällen oder Restholz aus Sägewerken, zu Holzfasern zerkleinert und anschließend gekocht. Die zerfaserte Masse wird dann beim Verpressen unter hohem Druck verfilzt und verdichtet. Dabei wird in der Regel max. 5 % Weißleim zugesetzt. Die in den Holzmassen enthaltenen Harze und das Lignin wirken als natürliche Bindemittel und binden die Holzfasern.

Meist ist die eine Seite harter Holzfaserplatten glatt, die andere rau; inzwischen gibt es aber auch Hartfaserplatten mit zwei glatten Seiten. Die glatte Seite kann furniert, beschichtet oder mit Folien überzogen werden. Anwendung finden die Platten in der Möbelherstellung für Rückwände und Schubladenböden, im Bauwesen, im Innenausbau, in der Autoindustrie und in der Verpackungsindustrie.

Die in der Möbelindustrie eingesetzten Hartfaserplatten sind in der Regel zwischen 3 mm und 5 mm dick. Bei der Herstellung von Billigmöbeln werden die Platten, auf Holzrahmen geklebt, als Seitenteile von Möbeln, Regalbrettern und anderes mehr eingesetzt.

10.9.2 Mitteldichte Faserplatten (MDF)

Mitteldichte Faserplatte

Für die Herstellung mitteldichter Faserplatten wird fast ausschließlich entrindetes Fichten- und Tannenholz verwendet; es wird zu Hackschnitzeln zerkleinert, zu sehr feinen Fasern vermahlen und anschließend gekocht. Dieser Masse wird Leim zugesetzt, dann wird sie unter Hitze zu MDF-Platten verpresst. Für MDF-Platten werden Harnstoff-, Melamin- und/oder Phenol-Formaldehydharz-Leime eingesetzt. Die MDF-Platten werden in Dicken zwischen 8 mm und 40 mm hergestellt. Inzwischen sind die Platten auch durchgefärbt in unterschiedlichen Farbtönen im Handel.

Die mitteldichten Faserplatten haben eine relativ geschlossene Mittelschicht, was eine dreidimensionale Formgebung erlaubt: Die Platten lassen sich optimal sägen, fräsen und bohren. Die Oberfläche kann direkt lackiert oder mit Folien kaschiert werden.

MDF-Platten werden zunehmend auch für hochwertige Möbel verwendet, der Großteil jedoch für Laminatböden. Sie sind nach den Spanplatten die meistverkauften Holzwerkstoffe.

10.9.3 Poröse Faserplatten (SB)

Poröse Holzfaserplatte

Bei der Herstellung poröser Faserplatten werden Nadelholzabfälle, fein zerhackt und zerfasert, mit heißem Wasserdampf behandelt. Der Brei wird zu Platten geformt und bei Temperaturen von über 120 °C (393 K) getrocknet. Als Bindemittel fungiert das Lignin der Holzfasern; zum Teil wird aber auch ein geringer Anteil von 1,5 % Weißleim (Polyvinylacetatleim) zugesetzt.

Die Platten werden zur thermischen oder akustischen Dämmung eingesetzt. Durch Zusatz von Bitumen kann der Feuchtigkeitsschutz verbessert werden, durch Zusatz von Feuerschutzmitteln die Brandschutzwirkung. Da die Platten sehr saugen und auf diese Weise viel Wasser aufnehmen, sind sie nur für den Innenraum geeignet.

10.10 Zementgebunde Spanplatten

Zementgebundene Spanplatte

Bei der Herstellung zementgebundener Spanplatten[42] werden Späne aus Fichten- und Tannenholz mit Zement und einem geringen Anteil an Additiven (Zusatzstoffen) kalt verpresst. Die Platten dürfen innen und außen verwendet werden. Sie haben ein gutes Brandverhalten, Baustoffklasse[43] B1 schwer entflammbar oder A2 nicht brennbar mit geringen organischen Bestandteilen. Jede Platte muss vom Hersteller dauerhaft mit mindestens den folgenden Angaben gekennzeichnet sein:
– DIN EN 634-2
– Dicke in Millimeter
– Elastizitätsmodul-Klasse
– gegebenenfalls Gütezeichen
– Name des Herstellers oder Kurzzeichen oder Zeichen
– Chargennummer oder Herstellungswoche und -jahr

In Verbindung mit Feuchtigkeit reagieren die Platten alkalisch. Durch die Alkalität sind sie sehr beständig gegen Pilze und Insekten, doch werden alkaliempfindliche Beschichtungen wie verseifbare Dispersionsfarben[44], Ölfarben und -lacke, Alkydharzlacke und -lackfarben zerstört. Durch Feuchtigkeit sind weißliche Ausblühungen möglich, die mit einer Kreidung verwechselt werden können. Die Platten werden auch werkseitig grundiert oder fertig beschichtet geliefert.

10.11 Gipsfaserplatten

Gipsfaserplatte

Bei der Herstellung von Gipsfaserplatten werden Gips und aus Altpapier stammende Zellulosefasern kalt verpresst. Die Platten dürfen wegen der Wasserlöslichkeit von Gips nur im Innenraum verwendet werden. Sie haben ein gutes Brandverhalten, Baustoffklasse B1 schwer entflammbar oder A2 nicht brennbar mit geringen organischen Bestandteilen nach DIN 4102 *Brandverhalten von Baustoffen*. Gipsfaserplatten werden zur Luft- und Trittschalldämmung sowie zur Wärmedämmung mit und ohne Diffusionssperre aus Aluminiumfolie eingesetzt.

10.12 Holzwolle-Leichtbauplatten

Holzwolle-Leichtbauplatte

Holzwolle wird durch Hobeln von Rundholzabschnitten hergestellt; verwendet wird meist Fichtenholz, gelegentlich auch Kiefern- oder Pappelholz. Für Holzwolle-Leichtbauplatten wird Holzwolle mit den mineralischen Bindemitteln Zement oder Magnesit gebunden und gepresst. Die Platten werden für den Schall- und Wärmeschutz eingesetzt, für diesen Zweck auch im Verbund mit Polystyrol-Hartschaum geliefert und verarbeitet.

In Verbindung mit Feuchtigkeit reagieren die Platten alkalisch, alkaliempfindliche Beschichtungen werden zerstört. In der Regel dienen diese Platten als Putzträger, werden also mit mineralischen Mörteln verputzt und nicht unmittelbar beschichtet. Auch werden sie für Bodenunterkonstruktionen, verlorene Schalungen oder Dämmschichten unter Dächern eingesetzt.

---

[42] DIN EN 633 *Zementgebundene Spanplatten – Definition und Klassifizierung*
DIN EN 634 *Zementgebundene Spanplatten – Anforderungen*
[43] nach DIN 4102 *Brandverhalten von Baustoffen*
[44] Dispersionsfarben, die Polyvinylacetat oder Polyvinylpropionat als Bindemittel enthalten.

11 Holzfeuchtigkeit

Holz enthält in der Faser und in den Hohlräumen Wasser. Sind die Zellwände mit Wasser gesättigt, spricht man von Fasersättigungsbereich. Der Fasersättigungspunkt für die in Deutschland allgemein verwendeten Nadelhölzer liegt bei ca. 30 % Feuchtigkeit. Bei dieser Feuchtigkeit sind alle Holzfasern mit Wasser gefüllt. Oberhalb dieses Bereiches ist zusätzlich in den Zellhohlräumen freies Wasser vorhanden; es wirkt sich auf die Holzfestigkeit nicht mehr aus.

Der Feuchtigkeitsgehalt wird immer in Prozent, bezogen auf das absolut trockene Holz angegeben.

Der Fasersättigungspunkt des Holzes wird nach dem Fällen relativ rasch erreicht. Anschließend trocknet das Holz in Abhängigkeit von der in der Umgebung herrschenden Luftfeuchtigkeit bis zur Gleichgewichtsfeuchte aus. Kurzzeitige geringfügige Änderungen der Luftfeuchtigkeit haben auf die Feuchtigkeit des Holzes keinen wesentlichen Einfluss. Sind diese Änderungen von längerer Dauer, ändert sich die Holzfeuchtigkeit analog der Luftfeuchtigkeit. In den Holzwerkstoffen können sich je nach Verleimung bei gleicher Luftfeuchtigkeit stark abweichende Gleichgewichtsfeuchten einstellen.

Um Feuchteschwankungen gering zu halten, ist das Holz entsprechend der DIN 68 800-2 *Holzschutz Teil 2: Vorbeugende bauliche Maßnahmen im Hochbau* bereits mit der Feuchtigkeit einzubauen, die später im Mittelwert zu erwarten ist. Die DIN 1052 *Holzbauwerke* nennt für einige Anwendungsgebiete grobe Richtwerte der Holzfeuchte:

Richtwerte für die Holzfeuchtigkeit
- frisches Holz   > 30 %
- halbtrockenes Holz   30 %
    bei Querschnitten über 200 cm²   35 %
- trockenes Holz   20 %

Die Normen machen zum Teil sehr unterschiedliche Angaben zur zulässigen Holzfeuchtigkeit und zum Messverfahren der Holzfeuchtigkeit.

Richtwerte für die Holzfeuchte nach DIN 1052-1 *Holzbauwerke*

Anwendungsbereich		Holzfeuchtigkeit in %*
allseitig geschlossene Bauwerke	mit Heizung	6 bis 12
	ohne Heizung	9 bis 15 %
überdeckte, offene Bauwerke		12 bis 18 %
der Witterung allseitig ausgesetzte Holzkonstruktionen		12 bis 24 %

* Die hier angegebenen Feuchtewerte beziehen sich auf die Darre, das Gewicht des absolut wasserfreien Holzes. Die in dieser Norm angegebenen Werte sind zu hoch, wenn die Holzteile beschichtet werden sollen. Für Beschichtungen gibt es andere Angaben

Zulässige Feuchtigkeitswerte nach DIN 68702 *Holzpflaster*

Holzpflasterklötze	Erläuterung	Holzfeuchtigkeit in %[1]
RE	scharfkantige, nicht imprägnierte Holzklötzchen für repräsentative rustikale Fußböden in Verwaltungsgebäuden und Versammlungsstätten, sowie in Hobbyräumen und im Wohnbereich	8 bis 12
WE	scharfkantige, nicht imprägnierte Holzklötzchen für widerstandsfähige und fußelastische Fußböden in Werkräumen ohne große Klimaschwankungen und ohne Fahrzeug-[2] und Staplerverkehr	8 bis 13
GE	scharfkantige, nicht imprägnierte Holzklötzchen für Fußböden im Industrie- und Gewerbebereich, an die besondere Anforderungen hinsichtlich der Zug- und Schubbeanspruchung durch Stapler- oder Fahrzeugverkehr gestellt werden	10 bis 14

1 Der Feuchtigkeitsgehalt einzelner Klötzchen darf ± 2 % abweichen. Der Feuchtegehalt gilt bei Anlieferung und Verlegung. Die Feuchtigkeit kann mit geeigneten elektrischen Feuchtemessgeräten ermittelt werden. Im Streitfall ist das durch Darrprobe nach DIN 52183 festgestellte Ergebnis entscheidend.
2 Bei Klotzhöhen ab 40 mm und Einsatz geeigneter Klebstoffe auch für Fahrzeug- und Staplerverkehr möglich

Nach DIN EN 13226 *Massivholz-Parkettstäbe mit Nut und/oder Feder* und der DIN EN 13228 *Massivholz-Overlay-Parkettstäbe einschließlich Parkettblöcke mit einem Verbindungssystem* müssen die Einzelstäbe bei der Erstauslieferung des Produktes einen Feuchtegehalt von 7 % bis 11 % aufweisen. Kastanie und Seekiefer müssen bei der Erstauslieferung einen Feuchtegehalt von 7 % bis 13 % haben.[45]

Nach DIN EN 13488 *Mosaikparkettelemente* muss der Feuchtegehalt der Mosaikparkettlamellen ohne Oberflächenbehandlung für alle Holzarten bei der Erstauslieferung 7 % bis 11 % betragen. Mosaikparkettlamellen mit Oberflächenbehandlung müssen einen Feuchtegehalt von 6 % bis 10 % aufweisen.

Nach DIN EN 13489 *Mehrschichtparkettelemente* muss die Nutzschicht bei der Erstauslieferung einen Feuchtegehalt von 5 % bis 9 % haben. Als geeignetes Messverfahren nennt diese Norm nur das Darrverfahren nach DIN 13183-1.

Nach DIN EN 13629 *Massive Laubholzdielen* müssen die Einzelelemente bei der Erstauslieferung einen Feuchtegehalt von 6 % bis 12 % aufweisen.

Nach DIN EN 13990 *Holzfußböden – Massive Nadelholz-Fußbodendielen* müssen die Dielen für einen geheizten Innenraum einen Feuchtegehalt von 9 ± 2 % aufweisen, für andere Verwendungen darf der Feuchtegehalt 17 ± 2 % betragen. Höchstens 5 % der Lieferung dürfen eine Abweichung von ± 3 % bei Innenverwendung und von ± 4 % für andere Verwendungen haben.

Nach DIN EN 14761 *Holzfußböden – Massivholzparkett – Hochkantlamelle, Breitlamelle und Modulklotz* muss der Feuchtegehalt bei der Erstauslieferung zwischen 7 % und 11 % liegen. Die Feuchtigkeit kann mit geeigneten elektrischen Feuchtemessgeräten ermittelt werden. Im Streitfall ist das durch Darrprobe nach DIN 52183 festgestellte Ergebnis entscheidend.

45 Die Feuchtigkeit kann mit geeigneten elektrischen Feuchtemessgeräten nach DIN EN 13183-2 *Feuchtegehalt eines Stückes Schnittholz – Teil 2 Schätzung* ermittelt werden. Im Streitfall ist das durch Darrprobe nach DIN EN 13183-1 *Feuchtegehalt eines Stückes Schnittholz – Teil 1 Bestimmung durch Darrverfahren* festgestellte Ergebnis entscheidend.

Bei der Beschichtung des Holzes dürfen folgende Feuchtigkeitswerte nicht überschritten werden, da ansonsten Schäden an der Beschichtung zu erwarten sind[46]
- Außenanstriche auf nicht oder begrenzt maßhaltigem Holz   18 %
- Außenanstriche auf maßhaltigem Holz   13 ± 2 %
- Innenanstriche auf allen Holzarten   8 %

11.1 Luftfeuchtigkeit

Holz ist als poröser Werkstoff bestrebt, den eigenen Feuchtigkeitsgehalt der Luftfeuchtigkeit anzupassen. Luft kann eine bestimmte Menge Wasserdampf aufnehmen. Die Menge hängt von der herrschenden Temperatur ab, je wärmer die Luft ist, umso mehr Feuchtigkeit kann sie in Form von Wasserdampf aufnehmen. Maximale Luftfeuchtigkeit herrscht, wenn die Luft die größtmögliche Menge Feuchtigkeit enthält. Die SI-Einheit der maximalen Luftfeuchtigkeit ist kg/m³, in der Praxis wird g/m³ angegeben.

Relative Luftfeuchtigkeit

Meist enthält die Luft nur einen Teil der maximalen Luftfeuchtigkeit, so wird in der Praxis die relative Luftfeuchtigkeit angegeben. Sie gibt das Verhältnis der tatsächlichen zur maximalen Luftfeuchtigkeit in Prozent an. Berechnung der relativen Luftfeuchtigkeit:

$$\text{Relative Luftfeuchtigkeit} = \frac{\text{wirkliche Luftfeuchtigkeit}}{\text{maximale Luftfeuchtigkeit}} \times 100\%$$

Beispiel: Bei 303 K (30 °C) würde die maximale Luftfeuchtigkeit 30 g/m³ betragen. Die tatsächliche Luftfeuchtigkeit beträgt 20 g/m³.

Berechnung der relativen Luftfeuchtigkeit:

$$\text{relative Luftfeuchtigkeit} = \frac{20\,\text{g/m}^3}{30\,\text{g/m}^3} \times 100\% = 66{,}67\%$$

Maximale Luftfeuchtigkeit bei verschiedenen Temperaturen

Temperatur	Wassergehalt in g/m³	Temperatur	Wassergehalt in g/m³
−20 °C (253 K)	0,9	12 °C (284 K)	10,7
−18 °C (255 K)	1,1	14 °C (286 K)	12,1
−16 °C (257 K)	1,3	16 °C (288 K)	13,6
−14 °C (259 K)	1,5	18 °C (290 K)	15,4
−12 °C (261 K)	1,8	20 °C (292 K)	17,3
−10 °C (263 K)	2,1	22 °C (295 K)	19,4
−8 °C (265 K)	2,5	24 °C (297 K)	21,8
−6 °C (267 K)	3,0	26 °C (299 K)	24,4
−4 °C (269 K)	3,5	28 °C (301 K)	27,2
−2 °C (271 K)	4,1	30 °C (303 K)	30,4
± 0 °C (273 K)	4,8	32 °C (305 K)	33,8
2 °C (275 K)	5,6	34 °C (307 K)	37,6
4 °C (277 K)	6,4	36 °C (309 K)	41,7
6 °C (278 K)	7,3	38 °C (311 K)	46,3
8 °C (280 K)	8,3	40 °C (313 K)	51,2
10 °C (282 K)	9,4	42 °C (315 K)	56,4

Da die maximale Luftfeuchtigkeit temperaturabhängig ist, ändert sich die relative Luftfeuchtigkeit mit der Temperatur, auch wenn die absolute Luftfeuchtigkeit konstant bleibt. Bei einer Abkühlung bis zum Taupunkt steigt die relative Luftfeuchtigkeit auf 100 %.

[46] Siehe auch BFS-Merkblatt Nr. 18 *Beschichtungen auf Holz und Holzwerkstoffen im Außenbereich*, Stand März 2006

Die Tauwassermenge, die sich dann bildet, verteilt sich entsprechend den unterschiedlichen relativen Luftfeuchten:

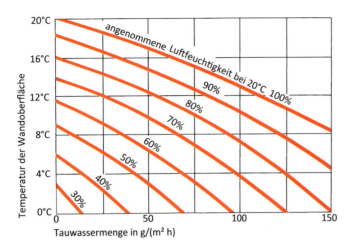

11.2 Taupunkt

Als Taupunkt bezeichnet man die Temperatur, bei der die Abkühlung feuchter Luft zu Kondenswasserbildung führt. In der Natur schlägt sich kondensierter Wasserdampf als Tau nieder. Würde man auf diesen nahezu unsichtbaren Wasserfilm eine Beschichtung aufbringen, würde deren Haftung stark gemindert. Fällt Tau auf eine noch nicht durchgetrocknete Beschichtung, wird diese matt.

Schimmelpilzbildung tritt bevorzugt in Schlafzimmern auf; das hängt unter anderem damit zu zusammen, dass diese Räume in der Regel schwächer als andere oder gar nicht geheizt werden. An den kälteren Schlafzimmerdecken, -wänden und -fenstern kondensiert die Luftfeuchtigkeit, und das Kondenswasser bietet so die Voraussetzung für Pilzbildung.

11.3 Gleichgewichtsfeuchte (Luftausgleichsfeuchte)

Der Feuchtigkeitsgehalt, zum Beispiel von Holzfenstern und Holzverkleidungen, kann stark ansteigen, wenn die relative Luftfeuchtigkeit sehr hoch ist, beispielsweise in Neubauten mit noch nassen Putzen. Dadurch steigt die Gefahr von Pilzbildung. Die Beschichtung darf also erst erfolgen, wenn die hohe Feuchtigkeit abgeklungen ist, wenn sich Gleichgewichtsfeuchte eingestellt hat.

Diese Gleichgewichtsfeuchte des Holzes wird möglich, weil in den feinen Kapillaren geringerer Sättigungsdampfdruck herrscht. Deshalb kondensiert der Wasserdampf in den Kapillaren früher als im freien Raum, und in feinen Kapillaren wird der Sättigungsdampfdruck gemindert. Wasserdampf kondensiert in diesen Kapillaren bereits unter dem im freien Raum herrschenden Sätti-

In Feuchträumen ständig sich bildendes Kondenswasser dringt in den Untergrund und zerstört Holz und Beschichtung.

gungsdampfdruck, und dies ermöglicht porösen Baustoffen wie Holz auf Veränderungen der Luftfeuchtigkeit rasch zu reagieren. Beispiele für Gleichgewichtsfeuchte (Luftausgleichsfeuchte):

Gleichgewichtsfeuchte *(Luftausgleichsfeuchte)* in Beispielen

Baustoff	Wassergehalt in Gewichts-% bei 20°C (293 K) und einer relativen Luftfeuchtigkeit von		
	50 %	65 %	90 %
Kiefernholz	6,20	10,90	20,80
Holzfaserplatte	7,00	9,70	14,00

11.4 Feuchtemessungen

11.4.1 Messung der relativen Luftfeuchtigkeit

Zur Messung der relativen Luftfeuchtigkeit werden Hygrometer (z. B. Haarhygrometer, Pernixhygrometer, Kondensatorhygrometer) eingesetzt. Diese Messgeräte sprechen auf den Wasserdampfgehalt in der Luft und die Temperatur an. Sie zeigen die relative Luftfeuchtigkeit von 1 % bis 100 % an. Da die Luftfeuchtigkeit je nach Tageszeit und Temperatur schwankt, sind mechanische Hygrometer häufig mit einer Schreibvorrichtung ausgerüstet, die die Schwankungen in Form von Kurven aufzeichnet. Moderne elektronische Hygrometer können die Temperatur und die relative Luftfeuchtigkeit in frei einstellbaren Intervallen messen. Die Werte werden dann mit dem Computer ausgelesen. Die Messgenauigkeit der Hygrometer liegt bei ±5 %.

11.4.2 Messung der Holzfeuchtigkeit

Mit diesen Prüfverfahren soll der Untergrund auf seinen Wassergehalt und damit seine Beschichtungstauglichkeit geprüft werden. Gleichzeitig ist die Feuchtigkeitsprüfung eines Baustoffes wichtig für die Ermittlung der Ursachen von Schäden. Die Feuchtigkeit wird mit geeigneten elektrischen Feuchtemessgeräten nach DIN EN 13183-2 *Feuchtegehalt eines Stückes Schnittholz – Teil 2 Schätzung* ermittelt. Im Streitfall ist das durch Darrprobe nach DIN EN 13183-1 *Feuchtegehalt eines Stückes Schnittholz – Teil 1 Bestimmung durch Darrverfahren* festgestellte Ergebnis entscheidend.

11.4.2.1 Gravimetrische Messmethode (Darrmethode)

Mit der gravimetrischen Methode lässt sich die Feuchtigkeit am genauesten messen. In verschiedenen Normen wird die Darrmethode gefordert, wenn es Streitigkeiten über die Feuchtigkeit des Holzes beziehungsweise der Holzwerkstoffe gibt.

Zur Prüfung werden dem zu untersuchenden Holz beziehungsweise Holzwerkstoff Probestücke entnommen und sofort luftdicht verpackt. Die Prüfstücke müssen die volle Dicke des Holzes beziehungsweise des Holzwerkstoffes haben und mindestens 20 g wiegen. Die Proben werden im Labor mit einer genau messenden Analysenwaage (Messgenauigkeit 0,01 g) gewogen und über einen längeren Zeitraum bei konstanter Temperatur bis zur Gewichtskonstanz in einem belüfteten Trockenschrank getrocknet. Als Temperatur gibt die Norm 103 °C ± 2 °C (378 K ± 2 K) an. Für Holz ist diese Temperatur aber zu hoch, weil bereits bei 60 °C (= 333 K) das Harz flüssig wird und das auslaufende Harz das Messergebnis verfälschen würde. Es empfiehlt sich, bei niedrigen Temperaturen von unter 50 °C (= 323 K) zu trocknen und diese Prüfung solange durchzuführen, bis kein Gewichtsverlust mehr feststellbar ist. Nach der Trocknung wird das Holz beziehungsweise der Holzwerkstoff erneut gewogen. Aus der im Vergleich zur ersten Messung festgestellten Massedifferenz lässt sich der ursprüngliche Feuchtigkeitsgehalt errechnen:

$$\text{Feuchtigkeitsgehalt} = \frac{G_2 - G_1}{G_1} \times 100\%$$

G_1 = Holzmasse trocken, G_2 = Holzmasse feucht

Bei diesem Verfahren muss darauf geachtet werden, dass der Baustoff bei der Entnahme der Proben, zum Beispiel durch Bohrungen, nicht erwärmt wird. Auch darf zwischen den beiden Wägungen keine hygroskopische Wasseraufnahme möglich sein. Die Messgenauigkeit dieses Verfahrens liegt bei ± 0,2–0,5 %.

11.4.2.2 Messung mit dem Hydromaten

Elektrische Feuchtigkeitsmessgeräte messen den elektrischen Widerstand im Untergrund. Dazu werden in der Regel Elektroden in den Untergrund geschlagen oder gestochen. Das Gerät ermittelt dann den elektrischen Widerstand zwischen den Elektroden. Dieser Widerstand ist bei einem feuchten Untergrund gering und erhöht sich proportional mit der Trockenheit des Untergrundes. Der Feuchtigkeitsgehalt kann bei Holz unmittelbar am Gerät abgelesen werden.

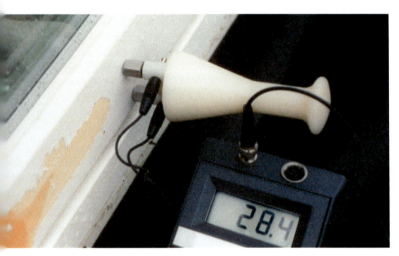

Feuchtigkeitsmessung mit dem Hydromaten

11.5 Diffusion

Unter Diffusion[47] versteht man das Bestreben der Gase und Flüssigkeiten, sich gegenseitig zu durchdringen und zu vermischen. Die Diffusionsfähigkeit von Baustoffen wird im Sprachgebrauch fälschlicherweise auch als Atmungsaktivität bezeichnet. Die Diffusion erfolgt von Orten höherer Konzentration zu Orten niedrigerer Konzentration, auch ohne Druck- und Temperaturgefälle, sie nimmt allerdings mit dem Druck- und Temperaturunterschied zu.

Besonders Gase sind bestrebt, sich auszubreiten und mit anderen Gasen zu vermischen. Dazu durchdringen sie auch poröse Körper. So durchwandert wasserdampfgesättigte Luft Baustoffe, um sich mit Luft geringerer Wasserdampfkonzentration zu vermischen.

Wasserdampfdiffusion und Wärmestrom verlaufen in gleicher Richtung, in unseren Breitengraden meist von innen nach außen. Sie folgen damit dem Temperaturgefälle, von der höheren Raumtemperatur zur niedrigen Außentemperatur. Durch die höhere Temperatur im Innenraum entsteht zudem ein Dampfdruckgefälle, das sich durch Diffusion auszugleichen sucht.

11.5.1 Wasserdampfdiffusionsstromdichte

Die Wasserdampfdiffusionsstromdichte gibt die Menge an Wasser in Dampfform an, die pro Zeiteinheit durch die Fläche einer Beschichtung diffundiert. Für die Wasserdampfdiffusionsstromdichte ist das Formelzeichen V vorgesehen, berechnet wird sie folgendermaßen:

$$V = \frac{g}{m^2 \times h} \quad \text{oder} \quad \frac{g}{m^2 \times d}$$

V = Wasserdampfstromdichte, g = Wasserdampf, h = Stunden, d = Tag

Die DIN EN ISO 7783-2 *Lacke und Beschichtungsstoffe – Beschichtungsstoffe und Beschichtungssysteme für mineralische Untergründe – Teil 2 Bestimmung und Einteilung der Wasserdampf-Diffusionsstromdichte* teilt die Stoffe nach ihrer Wasserdampfdurchlässigkeit in drei Klassen ein.

11.5.2 Diffusionswiderstand

Holz (wie alle Baustoffe) und Beschichtungen setzen der Diffusion Widerstand entgegen. Hat eine Beschichtung einen höheren Wasserdampfwiderstand als der Untergrund, baut sich zwischen der Beschichtung und dem Untergrund Druck auf, was zum Abplatzen der Beschichtungen führen kann.

Bei der Beurteilung des Diffusionswiderstands sind stets die Dicke des Bauteils und der Beschichtung zu berücksichtigen; der Widerstand der Beschichtung ist meist ge-

47 Lat. *diffundere* = durchdringen, ausbreiten

ringer als der des Untergrundes. Wichtig für zum Beispiel Fenster ist, dass das im Innenraum in das Holz eindringende Wasser außen entweichen kann. Ist dies nicht ausreichend gegeben, sind Abplatzungen an der Beschichtung möglich. Wenn die Beschichtung sehr quellfähig ist, können sich auch Blasen bilden.

Diese Erkenntnis hat dazu geführt, dass man in der Vergangenheit das Holz von Fenstern innen sehr dicht beschichtet hat, zum Beispiel mit Alkydharzlackfarben; außen hingegen war die Beschichtung mit Imprägnierlasuren sehr offen. Da häufig gleichzeitig die Anzahl der Anstriche reduziert wurde, gab es keine Schäden durch Diffusion. Doch war der Schutz des Holzes an der Außenseite aufgrund der geringen Schichtdicken kaum gegeben, das Holz verwitterte schnell. Heute werden Holzfenster innen und außen mit dem gleichen Beschichtungsstoff in gleicher Schichtdicke beschichtet. Damit ist ein guter Schutz des Holzes vor Feuchtigkeit gewährleistet, Diffusionsschäden sind ausgeschlossen.

Renovierungsbeschichtungen an Fenstern sollten auf den Innenraumseiten im gleichen Umfang erfolgen wie an den Außenseiten. Dann kann innen kein Wasser in das Holz gelangen. Da bei Mietwohnungen die Außenbeschichtung vom Vermieter, die Innenbeschichtung aber als sogenannte Schönheitsreparatur vom Mieter auszuführen ist, ergeben sich in der Praxis immer wieder Probleme.

Wasserdampfdiffusionswiderstandszahlen für Holzwerkstoffe auf der Grundlage der DIN 4108-4 und der DIN EN 12524 (Auswahl)

Stoffe	Dichte	Wasserdampf-Diffusionswiderstandszahlen	
		μ feucht	μ trocken
Massivholzplatte, Sperrholz und Furnierschichtholz	300	50	150
	500	70	200
	700	90	220
	1000	100	250
Faserplatte	250	2	5
	400	5	10
	600	12	20
	800	20	30
OSB-Platten	650	30	50
Spanplatten	300	10	50
	600	15	50
	900	20	50
Zementgebundene Spanplatte	1200	30	50

11.5.3 Diffusionswiderstandsfaktor

Der Wasserdampfdiffusionswiderstandsfaktor (= Diffusionswiderstandszahl μ) gibt an, um wie viel Mal größer der Widerstand eines Stoffes gegen diffundierenden Wasserdampf ist als eine gleich dicke Luftschicht. Der Diffusionswiderstandsfaktor von Luft ist also 1. Die Dicke (s) der Stoffe wird in Meter angegeben. Für Holzwerkstoffe auf der Grundlage der DIN 4108-4 und der DIN EN 12524 sind die Wasserdampfdiffusionswiderstandszahlen (Auswahl):

Für Beschichtungsstoffe sind die Wasserdampfdiffusionswiderstandszahlen[48] μ (Auswahl):

– Dispersionslackfarben 8000–15000
– Alkydharzlackfarben 12000–20000
– Polyurethanharzlackfarben 30000–50000
– Epoxidharzlackfarben 30000–50000

Berechnet man die Wasserdampfdiffusionsstromdichte oder den Diffusionswiderstand von Untergrund und Beschichtung, lassen sich beide vergleichen. Schäden durch unterschiedlichen Wasserdampfdiffusionswiderstand können nur auftreten, wenn der Diffusionswiderstand der Beschichtung unter Berücksichtigung der Dicke höher ist (bzw. die Wasserdampfstromdichte kleiner ist)

---

[48] Da die einzelnen Fabrikate von Baustoffen, besonders auch von Beschichtungsstoffen unterschiedliche Widerstandszahlen aufweisen, stellen die Werte in den Tabellen nur Annäherungswerte dar. Für Berechnungen sollten soweit wie möglich die tatsächlichen Werte verwendet werden. Ist dies nicht möglich, sollten die schlechtesten Werte (hier die höchsten Werte der Tabelle) verwendet werden.

als der des Untergrundes. Gemäß EN ISO 7783-2 werden die Beschichtungen nach der Wasserdampfdurchlässigkeit eingeteilt:

Einteilung der Beschichtungen nach der Wasserdampfdurchlässigkeit nach EN ISO 7783-2

Klassen	V (g/[m² × h])	V (g/[m² × d])	sd (m)
I	> 6	> 150	< 0,14
II	0,6–6	15–150	0,14–1,4
III	< 0,6	< 15	> 1,4

11.5.4 Berechnung des Diffusionswiderstandes

Sind Probleme zu erwarten oder zu analysieren, muss der Diffusionswiderstand berechnet werden. Nach der DIN EN ISO 7783-2 wird der sd-Wert auch aus der Wasserdampfstromdichte V (g/m²·d) berechnet.

$sd = 21/V$

Berechnung des Diffusionswiderstandes

$$\text{Diffusionswiderstand (sd-Wert)} = \frac{21}{V}$$
$$= \mu \times s$$

V = Wasserdampfstromdichte (in g/[m² × d])
μ = Diffusionswiderstandsfaktor, s= Dicke des Stoffes (in Meter)

11.5.5 Osmose

Osmose ist ein einseitiger Diffusionsvorgang. Wasserdampf diffundiert mehr oder weniger stark durch jede Beschichtung. Wenn auf dem Untergrund hygroskopische (= wasseranziehende) Stoffe, beispielsweise Salzreste, haften, ziehen diese Wasserdampf an. Der Wasserdampf verflüssigt sich und verdünnt das hygroskopische Salz. Die Beschichtung lässt Wasser nur in Gasform, nicht aber in flüssiger Form zirkulieren; aufgrund dessen sammeln hygroskopische Stoffe immer Wasser. Ist der Untergrund porös, kann er das Wasser aufnehmen und weiterleiten, und so kommt es hier kaum zu Schäden durch Osmose. Allerdings ist die Osmose auf dichten Zwischenbeschichtungen möglich. Hier kann es zu Blasenbildung kommen. Blasen durch Osmose sind auch möglich, wenn die Beschichtung selbst hygroskopische Stoffe, zum Beispiel Alkohole oder Amine, enthält.

12 Maßhaltigkeit der Holzkonstruktionen

Durch Feuchtigkeitsaufnahme und -abgabe ändern sich Form und Maße des Holzes. Das Ausmaß dieser Veränderung hängt von der Holzart und der Schnittart, aber auch von der Anwendungsart ab. So verändern sich zum Beispiel Holzverkleidungen – das sind nicht maßhaltige Holzbauteile – stärker als verleimte Holzkonstruktionen – das sind maßhaltige Holzbauteile. Durch die Veränderung des Holzes bei Feuchtigkeitsaufnahme und die damit einhergehenden Spannungen ist aber auch die Öffnung der Verleimung in den maßhaltigen Holzbauteilen möglich.

Diese verleimte, maßhaltige Fensterkonstruktion ist fünf Jahre alt und mit einer silbergrauen Lasur beschichtet. Diese Lasur kann seit einiger Zeit keinen Feuchtigkeitsschutz mehr gewährleisten. Die Feuchtigkeit hat zu Rissen im Holz und im Bereich der Verleimung geführt. Auch die Verleimung des Holzdübels ist gerissen.

Entsprechend den Anwendungsstufen und der Maßänderung des Holzes werden die Holzkonstruktionen eingeteilt in:
nicht maßhaltig   Maßänderung nicht begrenzt, für zum Beispiel überlappende Verbretterungen, Zäune
begrenzt maßhaltig   Maßänderung in begrenztem Umfang zugelassen, für zum Beispiel Verbretterungen mit Nut und Feder, Holzhäuser, Gartenmöbel
maßhaltig   Maßänderung nur in sehr geringem Umfang zugelassen, für zum Beispiel verleimte Holzbauteile, einschließlich Fenster und Türen

Die EN 927-1 *Beschichtungsstoffe und Beschichtungssysteme für Holz im Außenbereich* klassifiziert die zu erwartenden Beanspruchungen danach, wie stark die Konstruktion der Bewitterung ausgesetzt ist.

Einteilung nach Beanspruchungsbedingungen nach EN 927-1 *Beschichtungsstoffe und Beschichtungssysteme für Holz im Außenbereich*

Konstruktion	Klimabedingungen		
	gemäßigt	streng	extrem
geschützt	schwach	schwach	mittel
teilweise geschützt	schwach	mittel	stark
nicht geschützt	schwach	stark	stark

Gemäß der Norm müssen die Hersteller von Beschichtungsstoffen Produktinformationen zur Verfügung stellen, die diese Kategorien benutzen.

13 Resistenzklassen der Hölzer

Die Hölzer halten der Bewitterung unterschiedlich lange stand. Mit der Einteilung in Resistenzklassen werden die Hölzer klassifiziert. Diese Einteilung der Holzarten entsprechend der DIN EN 350-2 *Natürliche Dauerhaftigkeit von Vollholz* erfolgt nach dem Grad der Resistenz (der Beständigkeit) des ungeschützten Kernholzes gegen Befall durch holzzerstörende Pilze bei lang anhaltender Holzfeuchtigkeit (über 20 %) oder bei Erdkontakt.

Dauerhaftigkeitsklassen (Resistenzklassen) des Kernholzes nach DIN 350-2

1   sehr dauerhaft
2   dauerhaft
3   mäßig dauerhaft
4   wenig dauerhaft
5   nicht dauerhaft

Das Splintholz aller Holzarten ist den Klassen 4 und 5 zuzuordnen. Die Holzqualität von Splintholz ist gegenüber der von Kernholz um mindestens eine Resistenzklasse geringer. Splintholz sollte für maßhaltige Bauteile im Außenbereich nicht eingesetzt werden.

Einheimische Hölzer halten der Bewitterung ohne Beschichtung nicht lange stand. Auch farblose Beschichtungen können keinen dauerhaften Schutz gewährleisten.

Die wichtigsten Holzklassen und ihre Resistenzklassen

Holzart	Nadelholz	Laubholz	grobe Poren	Harzaustritt möglich	Holzinhaltsstoffe	Verfärbungen	Bläuepilzbefall möglich	Resistenzklassen
Afzelia (Doussie)		•	•		•			1
Amerikanisches Mahagoni		•	•					2
Eiche		•	•		•			2
Fichte*	•			•			•	4
Framire		•	•			•		2–3
Hemlock	•						•	4
Kiefer*, *Kern*	•			•				3–4
Splint							•	5
Lärche*, *Kern*	•			•				3–4
Splint							•	5
Oregon Pine, Douglasie	•			•			•	3–4
Plantagenkiefer	•			•			•	5
Red Meranti		•	•	•				2–4
Sapelli-Mahagoni, *Kern*		•	•					3
Splint		•	•				•	5
Sipo-Mahagoni		•			•	•		2–3
Tanne*	•						•	4
Teak		•	•		•			1–3
Western Red Cedar	•				•	•	•	2–3

* heimische Nadelhölzer

14 Holzschädlinge

Der lebende Baum wird durch Wildverbiss und durch Spechte, vor allem aber durch Insekten, Pilze und Bakterien geschädigt. Verbautes Holz kann von Insekten und Pilzen befallen werden. Entscheidend für diesen Befall sind Temperatur und Feuchtigkeit, aber auch die Holzart. Die Holzinhaltsstoffe können den Befall mindern oder verhindern. Kernholz ist immer beständiger als Splintholz. Im Folgenden geht es besonders um die Holzschädlinge, die das Bauholz befallen oder die Eigenschaften des Bauholzes wesentlich beeinflussen und damit wiederum Einfluss auf die Beschichtung haben.

14.1 Bakterien

Bakterien[49] sind eine große Gruppe einzelliger Mikroorganismen mit einer Größe von 0,1 bis 10 µm[50]; sie besitzen keinen echten Zellkern, sondern nur Kernmaterial in Form eines DNA-Fadens, der aus Nukleinsäuren besteht, und vermehren sich durch Spaltung sehr schnell.
Bakterien finden sich überall, im Boden, im Wasser, in der Luft, in Lebewesen und auf allen Gegenständen. Ackerboden enthält in 1 g über 2 500 Millionen Bakterien. In stark verschmutztem Abwasser findet man etwa 1 Million Bakterien in 1 cm³, in Trinkwasser höchstens 100.
Bakterien sind als Vermittler zwischen belebter und unbelebter Natur sehr wichtig. Vorwiegend im Erdboden werden alle organischen Stoffe durch die Stoffwechseltätigkeit von Bakterien mineralisiert, so zu anorganischen Stoffen abgebaut und den Pflanzen als Nährstoffe wieder zugeführt. Krankheitserregende Bakterien lösen Infektionen bei Menschen, Tieren und Pflanzen aus.
Die Bakterienflora ist aber auch für Mensch und Tier von Nutzen. Sie besiedelt die Haut, die Schleimhaut und den Magen-Darm-Kanal, dient als Gewebeschutz und Verdauungshilfe. Wirtschaftliche Anwendung findet die Bakterientätigkeit bei vielen technischen Prozessen, zum Beispiel bei der Säuerung der Milch, der Reifung von Käse, der industriellen Herstellung von Vitaminen, Antibiotika und so fort.

Bakterienbefall von Holz mindert dessen Festigkeit nicht. Er ist in der Regel nicht sichtbar, kann allerdings nach der Beschichtung roher Hölzer mit Lasuren sichtbar werden, da der Substanzabbau das Saugvermögen von Holz erhöht.
Eine bakterizide Einstellung der Beschichtungsstoffe ist nicht üblich und nicht erforderlich.

14.2 Pflanzliche Schädlinge

Efeu und andere Zierpflanzen schädigen das Holz in der Regel nicht. Müssen diese Pflanzen aber zum Beispiel vor einer Beschichtung entfernt werden, ist ein hoher Zeitaufwand erforderlich, um die Pflanzenreste wie etwa Saugnäpfe zu beseitigen. Lassen sich diese Reste nicht mechanisch beseitigen, bietet sich Abbrennen an.

Efeu an einem Fenster

Andere Pflanzen hingegen, beispielsweise Algen, Moose oder Pilze, können bei einer Sanierung umfangreiche Arbeiten und Kosten erforderlich machen.

14.2.1 Algen

Algen sind die ältesten Pflanzen überhaupt. Sie benötigen Wasser, Luft und Sonnenlicht, um mit Hilfe des Chlo-

---

49 Griech. *bakterion* = Stäbchen
50 1 µm = 1/1000 mm

Algenbewuchs auf den beschichteten Holzflächen einer Gartenbank

rophylls über Photosynthese die notwendigen Nährstoffe zu bilden. Daher können die Umgebung und die baulichen Voraussetzungen für Algenwuchs am Holz ursächlich sein. Im Bereich von Bäumen und Sträuchern etwa ist Algenbewuchs auf Dauer nicht zu vermeiden.

Ursachen von Algenbildung in der Umgebung
– Grad der Luftverschmutzung
– Himmelsrichtung
– Nähe zu landwirtschaftlich genutzten Flächen
– Bepflanzung am Gebäude und in seinem näheren Umfeld
– häufiger Nebel

Ursachen von Algenbildung in den baulichen Gegebenheiten
– zu geringer Dachüberstand
– Wasserabführung über die Fassade
– ungünstige Sockelausbildung
– Tauwasserbildung an der Oberfläche
– niedrige Temperatur der Wandoberfläche

Da Algenbewuchs auch bei Verwendung von algizid eingestellten Werkstoffen anstrichtechnisch auf Dauer nicht vermieden werden kann, ist vom Unternehmer schriftlich die Gewährleistung hinsichtlich möglicher Algenbildung auszuschließen, wenn die baulichen Voraussetzungen und die Umgebungstemperaturen Algenbildung wahrscheinlich machen.

Zusätzlich zur sogenannten Normalausführung mit algizidfreien Beschichtungsstoffen sollte der Unternehmer die Verwendung von algizid eingestellten Werkstoffen anbieten. Dabei ist darauf hinzuweisen, dass damit das Risiko des Algenbewuchses reduziert wird, dieser aber nicht dauerhaft verhindert werden kann. Gleichzeitig sind dem Auftraggeber die Mehrkosten mitzuteilen.

14.2.2 Pilze

Pilze verursachen Schäden, die ungleich größer sind als die von Tieren verursachten Schäden. Sie schädigen insbesondere Holz, können aber auch auf anderen Flächen, vor allem mineralischen Untergründen, Probleme bereiten. Die Mehrzahl der Pilze zerstört nur Splintholz; es gibt aber auch Pilze, die Kernholz befallen.

Voraussetzungen für die Pilzbildung
– günstige Feuchtigkeit
– günstige Temperaturen
– geeigneter Nährboden
– Licht
– Sauerstoff
– pH-Wert des Holzes

Die Pilze entstehen durch langfristige Feuchtigkeitseinwirkung bei über 20 % Holzfeuchtigkeit und können auch bei niedrigeren Temperaturen weiterwachsen. Pilze leben auch ohne Licht, bestimmte Arten aber benötigen Licht zur Fruchtkörperbildung. Pilze brauchen Sauerstoff; der Sauerstoffbedarf ist je nach Pilzart sehr unterschiedlich. Für ihre Entwicklung ist neben der Holz- und Luftfeuchtigkeit die Temperatur sehr wichtig. Die meisten Pilze wachsen zwischen 20 °C und 35 °C am besten (293 K und 308 K). Unter 3 °C (276 K) und über 38 °C (311 K) kommt das Wachstum meist zum Erliegen, die Pilze verfallen in eine Kälte- beziehungsweise Hitzestarre. Temperaturen unter -40 °C (233 K) werden ertragen; bei Temperaturen zwischen 50 °C und 75 °C (323 K und 348 K) werden Pilze abgetötet, wobei aber auch die Dauer der Hitzeeinwirkung und die herrschende Feuchtigkeit eine große Rolle spielen.

Die Feuchtigkeits- und Temperaturansprüche wichtiger Bauholzpilze

Pilzart	Günstige Holzfeuchtigkeit	Wachstumstemperatur	Temperaturoptimum
Echter Hausschwamm	30–40 %	3–26 °C (276–299 K)	18–22 °C (291–295 K)
Brauner Kellerschwamm	50–60 %	3–35 °C (276–308 K)	22–24 °C (295–297 K)
Weißer Porenschwamm	30–50 %	3–36 °C (276–309 K)	27 °C (300 K)
Tannenblättling	50–60 %	5–36 °C (278–309 K)	30 °C (303 K)
Zaunblättling	50–60 %	5–45 °C (278–318 K)	35 °C (308 K)
Schuppiger Sägeblättling	30–40 %	10–40 °C (283–313 K)	27–30 °C (300–303 K)
Muschelkrempling	50–70 %	5–30 °C (278–303 K)	23–26 °C (296–308 K)
Bläuepilz	30–120 %	0–40 °C (273–313 K)	18–25 °C (291–298 K)

Ist die Holzfaser mit Wasser gesättigt, zum Beispiel weil das verbaute Holz im Wasser steht, ist kein Pilzbefall möglich. Es fehlt der Sauerstoff.

Verfärbungen durch Bläuepilz an einer beschichteten Holzverkleidung

Pilze entwickeln sich aus Sporen. Gelangen diese auf einen Nährboden, so keimen sie unter günstigen Bedingungen aus. Es entstehen ca. 2 μm (= 0,002 mm) dicke röhrenförmige beziehungsweise bandförmige Zellfäden, die Hyphen (deren Gesamtheit nennt man Myzel). Diese scheiden Enzyme aus und lösen damit im Holz Zellsubstanzen[51] auf, die wiederum den Pilzen als Nahrung dienen können. Je nach Pilzart unterschiedlich sind die Fruchtkörper, die Sporen erzeugen. Der Echte Hausschwamm kann aus einer 1 cm² großen Fruchtschicht je Minute bis zu 6000 Sporen erzeugen. Daneben vergrößert sich die befallene Stelle ständig durch das Weiterwachsen des Myzels.

Pilze bevorzugen einen leicht sauren pH-Bereich zwischen 5 und 6, sind aber auch in der Lage, durch saure Ausscheidungen diesen pH-Wert selbst zu erzeugen.

14.2.2.1 Bläuepilz

Der Bläuepilz befällt meist Nadelhölzer, insbesondere Kiefernholz und hier wiederum das Splintholz, das Kernholz wird nicht geschädigt. Lärche, Fichte und Tanne sind weniger betroffen. Auch beim Laubholz Buche und ver-

---

[51] Von den Pilzen werden die Zellinhaltsstoffe Zucker, Stärke, Eiweißstoffe und Fette, sowie die festen Zellwandsubstanzen Zellulose, Polyosen (= Hemizellulosen) und Lignin abgebaut und als Nahrungsstoffe verwertet.

schiedenen Tropenhölzern ist Bläuepilzbefall möglich. Der Bläuepilz findet optimale Lebensbedingungen bei einer Holzfeuchte zwischen 30 % und 120 % und einer Temperatur zwischen 18 °C und 25 °C (391 und 399 K).

Die gängige Meinung ist, der Bläuepilz baue Zellwände nicht ab und mindere so auch nicht die Festigkeit des Holzes. In der Praxis aber zeigte sich, dass starker Befall die Festigkeit und Elastizität des Holzes stark mindert. Wissenschaftliche Untersuchungen führten zu dem Ergebnis, dass innerhalb einer Befallszeit von 70 Tagen 5 % der Zellulose des befallenen Holzes abgebaut wurden. Einen Abbau des Lignins hat man nicht festgestellt.

Durch den Befall verfärbt sich das Holz blaugrau bis schwarz. Bildet sich der Bläuepilz unter Beschichtungen, können diese durchwachsen, auch abgedrückt werden.

Verschiedene Arten des Bläuepilzbefalls an Holz:
Stammholzbläue   tritt bei waldfrischem Holz am stehenden Baum oder am frisch geschlagenen Baum auf.
Schnittholzbläue   sekundäre Bläue, die an nicht ausreichend trockenem und/oder schlecht gelagertem Schnittholz (Balken, Bretter und Latten) auf Holzlagerplätzen auftritt.
Anstrichbläue   tertiäre Bläue, die bei großer Feuchtigkeitseinwirkung am verbauten und beschichteten Holz auftritt (Neuinfektion).

Beim Austrocknen des Holzes stirbt der Bläuepilz ab. Die von ihm verursachten Verfärbungen lassen sich normalerweise auch mit Bleichmitteln nicht ganz entfernen. So werden die geschädigten Holzflächen in der Regel nach dem Austrocknen deckend beschichtet.

Nadelhölzer müssen mit Bläueschutzmitteln (speziellen Fungiziden) geschützt werden, wenn zum Beispiel Feuchtigkeitseinwirkung im Außenbereich möglich ist. Dabei ist die vom Hersteller vorgeschriebene Mindestverbrauchsmenge einzuhalten. In der Praxis kann man feststellen, dass einige Hersteller von Bläueschutzmitteln Mindestverbrauchsmengen vorschreiben, die vom Anwender nicht aufgebracht werden können, weil das Holz die genannten Mengen nicht aufnimmt.

14.2.2.2 Schimmelpilze

Unter der Bezeichnung Schimmelpilze sind Pilze zusammengefasst, die typische Pilzfäden und Sporen ausbilden können. Die in der Wachstumsphase entstandenen Zellfäden sind meist farblos, so dass Schimmelpilze in dieser Phase in der Regel mit bloßem Auge nicht zu erkennen sind. Zur Vermehrung und Verbreitung bilden sich dann farbige Sporen, die dann meist als schwarze, manchmal auch als gelbe oder braune Schimmelpilzflecken sichtbar sind.

Schimmelpilzbefall an einem Dachstuhl

Schimmelpilze unter dem Mikroskop

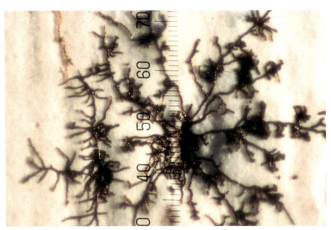

Das Schimmelpilzwachstum wird vornehmlich von drei Faktoren bestimmt
– von Feuchtigkeit
– von der Temperatur
– vom Nährstoffangebot.

Schimmelpilze nutzen neben vielem anderen als Nährböden Holz und Spanplatten, aber auch deren organische Beschichtungen. Die Pilze können auch auf Untergründen wachsen, die selbst nicht als Nahrung dienen, auf denen sich aber organische Stoffe, zum Beispiel durch Verschmutzung, abgelagert haben.
Schimmelpilze benötigen zum Wachstum eine bestimmte Mindestfeuchtigkeit, ausreichend ist schon eine relative Luftfeuchtigkeit von ca. 80%. Tauwasserbildung auf dem Untergrund fördert die Bildung besonders.

Schimmelpilze schädigen Holz nur wenig, lediglich die äußersten 2 mm des Holzes sind betroffen. Sie stellen aber ein hygienisches Problem dar und können die Gesundheit der Menschen beeinträchtigen. Sporen und Stoffwechselprodukte der Schimmelpilze können eingeatmet werden und beim Menschen allergische[52] und Reiz-Reaktionen verursachen. Besonders häufige allergische Reaktionen auf Schimmelpilze sind Bindehaut-, Hals- und Nasenreizungen sowie Husten. Müdigkeit, Kopfschmerzen und Infektionen sind bislang nur bei besonders immunschwachen Personen beobachtet worden.

Bei der Sanierung von Schimmelpilz befallener Flächen sind zu berücksichtigen
– Größe der befallenen Flächen
– Stärke des Befalls (einzelne Flecken oder dicker Schimmelpilzbelag)
– Tiefe des Befalls (oberflächlich oder auch in tieferen Schichten)
– Art des Schimmelpilzes (wichtig zur Einschätzung der Gesundheitsgefahren)
– Art der befallenen Materialien
– Art der Nutzung der Räume.

Eine dauerhafte Beseitigung des Schimmelpilzes ist, wie bei anderen Pilzen auch, nur möglich, wenn die Feuch-

---

52 Bei Allergien setzt sich das Immunsystem des Körpers nicht gegen gefährliche Krankheitserreger, sondern fälschlicherweise gegen an sich harmlose Stoffe, wie bestimmte Lebensmittel, Pollen usw. zur Wehr.

tigkeit in Raumluft und Untergrund dauerhaft auf ein normales Maß reduziert werden kann.

Ursachen zu großer Feuchtigkeit können sein
- akute Feuchteschäden durch Rohrbruch, Überschwemmungen usw.
- Feuchteschäden durch defekte Dächer, Dachrinnen und Fallrohre
- Baufeuchte aufgrund ungenügender Austrocknung
- aufsteigende Mauerfeuchtigkeit
- Kondenswasserbildung (Tauwasser) auf der Oberfläche der Wände oder in den Wänden aufgrund von Wärmebrücken und/oder zu hoher Luftfeuchtigkeit
- ungenügende Lüftung
- ungenügende Luftzirkulation, zum Beispiel hinter dicht an der Außenwand stehenden Möbeln
- ungenügende Wärmedämmung, zum Beispiel an Wärmebrücken.

Zur Beseitigung von Schimmelpilzen werden vornehmlich Chlorbleichlauge (Natriumhypochlorit, Natronbleichlauge) oder Wasserstoffperoxid (Wasserstoffsuperoxid) eingesetzt. Beide Chemikalien können Gesundheitsschäden verursachen und Korrosionsschäden an Metallen auslösen, aber auch organische Stoffe schädigen.

14.2.2.3 Blättling

Der Blättling findet optimale Lebensbedingungen bei einer Holzfeuchte zwischen 35 % und 60 %. Er befällt nur Nadelholz und zerstört das Holz von innen heraus, die äußere Holzschicht bleibt erhalten. Der Blättling ist der häufigste Pilz an Fenstern. Da er auch längere Trockenphasen überleben kann, ist dieser Pilz besonders gefährlich.
Das von Blättling befallene Holz ist unbrauchbar und muss ersetzt werden.

Fruchtkörper des Blättlings auf einem Holzbalken

Blättling an einem Fenster

14.2.2.4 Hausschwamm

Der Echte Hausschwamm findet optimale Lebensbedingungen bei einer Holzfeuchte zwischen 20 % und 40 %, der Wassertransport ist auch über Stränge möglich. Er befällt vorwiegend Nadelholz, aber auch Laubholz. Der Hausschwamm ist der gefährlichste Holzzerstörer, holzfreie Flächen, auch Mauern, werden über- oder durchwachsen.

Der Befall mit Hausschwamm gilt als äußerst problematisch. Bis vor wenigen Jahren war das Auftreten von Hausschwamm meldepflichtig, seine Beseitigung wurde behördlich überwacht. Befallene Teile müssen ausgebaut und verbrannt werden. Die Umgebung der entfernten Teile wird mit besonders starken, für Hausschwamm zugelassenen Fungiziden behandelt. Früher wurde die Umgebung ausgebrannt.

14.2.2.5 Braunfäule (Rotfäule, Destruktionsfäule)

Braunfäule findet optimale Lebensbedingungen bei einer Holzfeuchte zwischen 30 % und 60 %. Sowohl Nadel- als auch Laubholz können befallen werden, bevorzugt aber Nadelhölzer. Die Braunfäule ist der zweithäufigste pflanzliche Holzzerstörer und oftmals der Vorläufer des Hausschwamms.

Vom Hausschwamm befallenes Holzbrett

Die Braunfäule wird von einer Reihe von Pilzen verursacht:
- Sägeblättling
- Muschelkrempling
- Koniferen-Holzschwamm
- Kiefernporling
- Schwefelporling
- Reihige Tramete

Diese Pilze bauen vorwiegend die Zellulose und die Kohlehydrate (Polyosen) des Holzes ab, zurückbleiben Lignin und Farbstoffe. Da sich das Holz dabei braun färbt, spricht man von Braunfäule. Der Pilz zerstört das Zellgerüst, und so reißt das Holz in Längs- und Querrichtung. Dadurch entsteht der typische Würfelbruch. Das Holz verliert immer mehr an Festigkeit und kann schließlich zwischen den Fingern zerrieben werden. Von Braunfäule befallene Holzteile sind zur weiteren Nutzung nicht geeignet.

14.2.2.6 Weißfäule (Korrosionsfäule)

Weißfäulepilze bevorzugen Laubhölzer. Sie bauen zunächst das Lignin ab, erst später die Zellulose. Dunkle Linien trennen die befallenen von den nicht befallenen Stellen. Erst in der Spätphase färbt sich das befallene Holz weiß. Durch den Befall werden die Zellwände dünner, das Holz verliert an Masse, Festigkeit und Härte. Der Befall führt zur völligen Zerstörung des Holzes.

Würfelbrüchigkeit durch Braunfäule

Typische Weißfäule verursachende Pilze:
- Halimasch
- Samtfußrübling
- Austernseitling
- Spätblättling
- Echter Zunder- oder Feuerschwamm
- Falscher Zunder- oder Feuerschwamm
- Nördlicher Porling
- Bunter Lederporling

14.2.3 Flechten

Flechten sind ein aus Grün- oder Blaualgen und Schlauchpilzen bestehender Verband, eine Symbiose. Die Alge

Weißfäule in einem Eichenholzsplint

Flechten auf einem Holzzaun

versorgt den Pilz mit organischen Nährstoffen (Kohlenhydrate), während das Pilzgeflecht der Alge als Wasser- und Mineralstoffspeicher dient. Die an der Flechtenbildung beteiligten Pilzarten kommen nie frei vor. Die Algenarten hingegen sind durchaus ohne den Pilzpartner lebensfähig.

Nach der Gestalt unterscheidet man:
– Krustenflechten (haften flach auf der Unterlage)
– Laubflechten (großflächige, blattartige Ausbildung)
– Strauchflechten (ähneln den höheren Pflanzen).

Ihre Anspruchslosigkeit führt dazu, dass man Flechten überall finden kann. Sie sind als wichtige Erstbesiedler die Grundlage für weitere Organismen. Bestimmte Flechten können, da sie organische Säuren abscheiden, die chemische Zerstörung des Untergrundes fördern und die Ansiedlung von Moosen und höheren Pflanzen ermöglichen.

14.2.4 Moose

Moose sind Sporenpflanzen ohne echte Wurzeln. Sie benötigen zu ihrem Wachstum eine große Menge Feuchtigkeit und sind nur in der Nähe anderer Pflanzen zu finden. Moose werden mechanisch entfernt. Dazu können auch Hochdruckreiniger eingesetzt werden. Da sich Moose nur nach lange anhaltender Feuchtigkeitseinwirkung bilden, sind die befallenen Hölzer meist so stark geschädigt, dass sie nicht mehr fachgerecht beschichtet werden kön-

Moosbewuchs auf den Holzdielen einer Terrasse

nen. Ist eine Beschichtung noch möglich, werden fungizide und algizide Beschichtungsstoffe eingesetzt

14.3 Tierische Schädlinge

Ratten und Mäuse sind als Schädlinge hinlänglich bekannt. In sanierungsbedürftigen Gebäuden können sie langfristig große Schäden auch an Holz anrichten. Da Vogelexkremente sehr sauer sind, können auch sie Holz und Beschichtungen stark schädigen; Vogelkot verätzt sogar Zweikomponenten-Beschichtungen dauerhaft, so dass letztlich nur die Neulackierung der betroffenen Teile hilft. Die größten Schäden aber richten Holzinsekten an. Bei ihnen ist zu unterscheiden zwischen Schädlingen, die saftfrisches Holz befallen (Frischholzinsekten) und solchen, die nur trockenes Holz schädigen (Trockenholzinsekten). Neben dem Nährstoffgehalt des Holzes beeinflussen vor allem die Holzfeuchtigkeit und die Temperatur die Entwicklung der Holzinsekten. Zerstört wird das Holz von den Larven, denen die Holzsubstanz als Nahrung dient.

Die wichtigsten Holzinsekten im Bauholz:
– Hausbock
– Gewöhnlicher Nagekäfer
– Brauner Splintholzkäfer
– Holzwespe
– Termiten
– Ameisen

Hausbockbefall

Hausbockkäferlarve, befallenes Holz, Männchen und Weibchen des Hausbockkäfers

Zur Bestimmung des Befalls werden am geschädigten Holz Form und Größe der Fraßgänge, der Ausflugsöffnungen und des Bohrmehls sowie der Kotballen begutachtet. Am sichersten bekämpft man Holzinsekten durch Beseitigen und Ersetzen der befallenen Holzteile. Ist dies zum Beispiel aus denkmalpflegerischen Gründen nicht möglich, müssen starke Insektizide eingesetzt werden, die allerdings die Umwelt und die Gesundheit des Menschen schädigen können.

14.3.1 Hausbock

Der Hausbockkäfer ist das für Bauholz schädlichste Holzinsekt. Er befällt nur Nadelhölzer; das Laubholz enthält Stoffe, die die Larven abtöten. Die Entwicklungszeit der Larven liegt zwischen 3 und 5 Jahren, bei Trockenheit bei bis zu 10 Jahren. Die ovalen Fraßgänge mit wellenförmigen Nagespuren enthalten Bohrmehl mit holzfarbenen Kotwalzen. Die härteren Spätholzschichten bleiben als Fraßlamellen stehen. Bei starkem Befall weisen Rieselstellen von Bohrmehl auf lebenden Hausbockbefall hin. Die Fluglöcher sind 3 mm bis 4 mm breit mit glattem Rand.

14.3.2 Gewöhnlicher Nagekäfer (Anobium)

Der Gewöhnliche Nagekäfer ist der bekannteste Bauholzzerstörer. Von der Eilablage bis zum Schlüpfen aus den bis zu 2 mm großen Schlupflöchern dauert es 2 bis 3 Jahre. Der Käfer befällt Laub- und Nadelholz gleichermaßen und verursacht oft starke Zerstörungen an wertvollen alten Möbeln und Holzkunstwerken. Die Larven fressen unter der Holzoberfläche unregelmäßig verlaufende Gänge mit einem Durchmesser bis zu 4 mm. Aus den Fraßgängen rieseln Bohrmehl und linsenförmige Kotbällchen.

Anobienbefall

14.3.3 Brauner Splintholzkäfer

Mit Importhölzern wurde der Braune Splintholzkäfer aus den Tropen eingeschleppt, er befällt nur das Splintholz von Laubhölzern. Die Fraßgänge mit einem Durchmesser von ca. 2 mm verlaufen unregelmäßig und werden mit dem Bohrmehl fest verstopft. Die Fluglöcher sind kreisrund bis oval und haben einen Durchmesser von 2 bis 3 mm.

14.3.4 Holzwespe

Die Holzwespe befällt nur saftfrisches Holz, kann aber aufgrund der langen Entwicklungszeit ihrer Larve von 2 bis 7 Jahren im Bauholz eingeschleppt werden. Das trockene Bauholz wird nach dem Ausschlüpfen nicht wieder befallen. Die Fraßgänge der Holzwespe sind kreisrund und glattrandig. Sie folgen anfangs dem Frühholz, um später in das Stamminnere abzubiegen. Die Fraßgänge sind mit zusammengepresstem Bohrmehl verstopft. Die Fluglöcher sind kreisrund und haben einen Durchmesser von 4 mm bis 7 mm Durchmesser.

14.3.5 Termiten

Termiten befallen nahezu alle Holzarten, ausgenommen Hölzer mit einem hohen Siliziumgehalt oder einem hohen Anteil an insektiziden Holzinhaltsstoffen. Da die Termiten die Holzoberfläche unberührt lassen, fällt der Befall in der Regel erst sehr spät auf. Erkennbar ist er an tunnelartigen Gangsystemen. Nachdem Termiten mit exotischen Laubhölzern eingeschleppt worden waren, hat man auch in vielen Ländern Europas den Befall feststellen können.

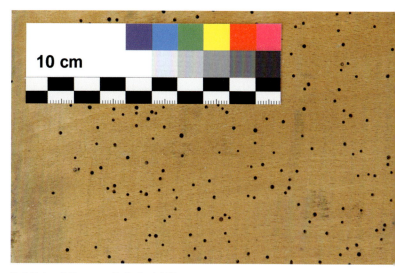

Befall durch Braunen Splintholzkäfer

14.3.6 Ameisen

Ameisen befallen weiche Laub- und Nadelhölzer. Auch Terrassentüren und Fenster im Erdgeschoss können die Tiere anlocken. Sie beginnen ihre Zerstörung im Kernholz, im weichen Frühholz der in der Stammmitte liegenden Jahrringe. Da das Spätholz unberührt bleibt, entstehen Räume, die als Gänge oder Kammern verwendet werden. Der Befall ist an ausgestoßenen hellen Holzspänen zu erkennen.

15 Holzschutz

Holz wird von Feuchtigkeit stark geschädigt, zudem können Bakterien, Pilze und Insekten umfangreiche Schäden verursachen. So hat man zu allen Zeiten versucht, das Holz zu schützen und damit dauerhafter zu machen. Als besonders wichtig wird stets der Zeitpunkt des Holzfällens herausgestellt. Wie sich der Holzschutz entwickelte, zeigt der folgende historische Überblick:

ca. 5000 v. Chr. Zum Schutz vor Holzschädlingen wird das Holz angekohlt.

ca. 4000 v. Chr. Das Holz für Pfahlbauten wird im Winter geschlagen.

ca. 3000–1500 v. Chr. Im Buch Mose werden detaillierte Anweisungen für das Erkennen und Beseitigen von Pilzen an Bauholz gegeben.

ca. 2000 v. Chr. In der syrischen Baukunst werden zum Schutz vor Feuchtigkeit Steine unter die Holzstützen gelegt.

ca. 1000–400 v. Chr. Die Griechen bestreichen Holzdächer und Schiffsböden mit Teer.

ca. 800 v. Chr. Bei Homer wird die Schädlingsvorbeugung und -bekämpfung mit Schwefelrauch beschrieben.

ca. 500 v. Chr. Herodot beschreibt die Verwendung von Alaun als Brandschutzmittel.

ca. 50 v. Chr. Plinius beschreibt den Schutz von Bauholz und Holzstatuen durch Übergießen mit toxischen ätherischen Mitteln.

ca. 1200 Zum Schutz vor Feuchtigkeit werden Fachwerkbauten auf Steinsockeln errichtet.

ca. 1520 In den Analen der Franziskanermönche wird der Schutz des Holzes vor Termiten durch Quecksilber- und Arsensalze beschrieben. Paracelsius nennt ein Rezept für die Holzkonservierung mit Schwefelöl.

ca. 1650 Holzteer und Holzessig werden hergestellt. Die toxische Wirkung von Ammoniumsulfat auf Pilze wird entdeckt.

1669 König Ludwig XIV. befiehlt in der Königlich Französischen Forstordnung, dass Holz im abnehmenden Mond von der Zeit des Laubabwurfes bis zum Austreiben der neuen Blätter geschlagen werden muss.

ca. 1705 Holzdielen werden mit dem hochgiftigen Quecksilberchlorid geschützt. Erstmals werden Borsalze hergestellt.

1720 In Stockholm kommt das erste fabrikmäßige Holzschutzmittel Xylobalsamus auf den Markt.

1743 In der Kurfürstlichen Holzordnung für das Reichsfeld wird angeordnet, dass Bauholz vor dem 15. April zu schlagen und vor dem 1. Mai abzufahren ist.

ca. 1800 Zum baulichen Holzschutz werden für Fenster Wetterschenkel empfohlen.

1808 Durch Verordnung des Großherzoglichen Geheimrates in Karlsruhe wird der Handel mit giftigen Holzschutzmitteln stark eingeschränkt, »da im Hausgebrauch entbehrlich«. Der Verkauf darf nur von Kaufleuten mit Buch- und Rechnungsführung mit angeordneten Vorsichtsmaßnahmen erfolgen.

1849 Die Bahnschwellen werden erstmals mit Steinkohlenteeröl im Kesseldruckverfahren imprägniert.

1888 Für das Steinkohlenteeröl Carbolineum wird das DRP[53] 46.021 erteilt.

1892 Die Firma Bayer u. Co. beginnt mit der Entwicklung nitrierter Phenole und Kresole als Holzschutzmittel.

1910 Als wasserabweisende Isolierung wird Teerpappe eingesetzt. Die Firma Bayer erhält für Holzschutzmittel auf der Basis von chlorierten Phenolen und organischen Quecksilberverbindungen das DRP 240.998.

1923 Für das Produkt Xylamon mit niedrig siedenden chlorierten Naphthalinen wird ein Patent angemeldet.

1931 In Deutschland wird der Hausbock erstmals mit Heißluft bekämpft. Das Diffusionsverfahren (Osmoseverfahren) mit Salzölpaste wird patentiert.

1934 In Indien werden Holzschutzmittel auf Chrom-Kupfer-Arsen-Basis (CKA-Salze) entwickelt.

1935 In den USA beginnt die Produktion des Holzschutzmittels Pentachlorphenol (PCP).

1940 Das Trogsaugverfahren für die Imprägnierung des Holzes wird entwickelt und angewandt.

1943 Der Prüfungsausschuss für Holzschutzmittel bei der Zentralstelle der deutschen Forstwirtschaft veröffentlicht das erste Holzschutzmittelverzeichnis.

1944 Für Holzschutzmittel wird eine Prüfpflicht vorgeschrieben.

1945 Pentachlorphenol (PCP) wird zunehmend in Europa eingesetzt. Erstmals kommen Bläueschutzmittel in den Handel.

1950 Versuche, Holzschädlinge mit Infrarotstrahlung zu bekämpfen.

1951 Versuche zum bekämpfenden Holzschutz mit einem elektromagnetischen Hochfrequenzfeld.

1956 Die DIN 68800 *Holzschutz im Hochbau* kommt heraus.

1961 Die für den Menschen ungiftigen Borpräparate werden in das Holzschutzmittelverzeichnis aufgenommen.

1964 Die europäische Normungsarbeit zur Prüfung der Holzschutzmittel beginnt.

1968 Das Institut für Bautechnik Berlin wird gegründet. Das amtliche Überwachungszeichen »Ü« für vorbeugende Holzschutzmittel in tragenden Holzbauteilen wird erstmals erteilt.

1973 Die erste europäische Prüfnorm zu Holzschutzmitteln erscheint.

1978 Das Bundesgesundheitsamt gibt den Anforderungskatalog zur gesundheitlichen Beurteilung von Holzschutzmitteln heraus.

1984 Die »Interessengemeinschaft der Holzschutzmittel-Geschädigten« wird in Deutschland gegründet.

1985 Das Deutsche Institut für Gütesicherung und Kennzeichnung gibt das RAL-Gütezeichen für vorbeugende Holzschutzmittel der Gütegemeinschaft Holzschutzmittel e. V. für statisch nicht tragende Bauteile und für Mittel zur Bekämpfung von Insekten im Holz oder von Hausschwamm heraus.

1989 In der Bundesrepublik wird Pentachlorphenol (PCP) verboten.

1990 Das Bundesgesundheitsamt gibt einen neuen Prüfungskatalog zur gesundheitlichen und umweltbezogenen Bewertung von Holzschutzmitteln heraus.

---

53 DRP = Deutsches Reichspatent

Die Landesbauverordnungen der Bundesländer schreiben für tragende Bauteile aus Holz vorbeugende Holzschutzmaßnahmen nach DIN 68 800 vor. Entsprechend dieser DIN wird zwischen dem baulichen und dem chemischen Holzschutz unterschieden.

```
                    Landesbauverordnungen
                              |
              Vorbeugender Holzschutz nach DIN 68800
                              |
           ┌──────────────────┴──────────────────┐
   Teil 2 der DIN 68800:              Teil 3 der DIN 68800:
   Baulicher Holzschutz               Chemischer Holzschutz

 = Feuchtigkeit fernhalten          = Einsatz biozider Holz-
   durch optimale Konstruk-           schutzmittel⁵⁴ ent-
   tion und Wahl der                  sprechend der Gefähr-
   geeignetsten Holzarten             dungsklassen gegen
                                      holzzerstörende Pilze
                                      und gegen holzzerstö-
                                      rende Insekten
```

Ziel:
So viel baulicher Holzschutz wie möglich,
so wenig chemischer Holzschutz wie nötig!

15.1 Baulicher Holzschutz

Vorbeugende bauliche Maßnahmen sind nach DIN 68800 Teil 2 alle konstruktiven und bauphysikalischen Maßnahmen, die eine nachteilige Veränderung der Holzbauteile durch Feuchtigkeit verhindern. Die Bauhölzer dürfen im Gebrauchszustand keiner bleibenden Feuchtebeanspruchung ausgesetzt werden.

Beispiele für den baulichen Holzschutz
– ausreichende Dachüberstände
– Einbau der Hölzer oberhalb der Spritzwasserhöhe
– wasserspeichernde Nuten, Ecken und Stöße werden vermieden
– Auswahl geeigneter Holzqualitäten
– horizontale Holzflächen werden abgeschrägt oder abgedeckt usw.

15.2 Chemischer Holzschutz

Holz, das der Gefahr von Bauschäden durch Insekten und/oder Pilze ausgesetzt ist, muss zusätzlich zu den baulichen Maßnahmen mit chemischen Maßnahmen geschützt werden. Ob eine Gefährdung vorliegt, ist aus der Tabelle Gefährdungsklassen der DIN 68800 Teil 3 *Holzschutz; Vorbeugender chemischer Holzschutz* zu entnehmen.

Konstruktiver Holzschutz;
unter dem breiten Dach bleibt
das Holz geschützt.

---

54 Biozide = gegen Bakterien, Pilze und Insekten wirkende Stoffe

Gefährdungsklassen der DIN 68800 *Teil 3 Holzschutz; Vorbeugender chemischer Holzschutz*

Gefähr-dungs-klasse	Beanspruchung	Gefährdung durch			
		Insekten	Pilze	Auswaschung	Moderfäule
0	Innen verbautes Holz, ständig trocken, Splintholz unter 10 % oder übliches Wohnklima und Holz gegen Insektenbefall abgedeckt oder so offen angeordnet, dass es kontrollierbar bleibt.	nein	nein	nein	nein
1	Innen verbautes Holz, ständig trocken, wenn die Bedingungen der Klasse 0 nicht erfüllt werden.	ja	nein	nein	nein
2	Holz, das weder im Erdkontakt noch direkt der Witterung oder Auswaschung ausgesetzt ist, vorübergehende Befeuchtung möglich.	ja	ja	nein	nein
3	Holz der Witterung oder Kondensation ausgesetzt, aber nicht in Erdkontakt	ja	ja	ja	nein
4	Holz in dauerndem Erdkontakt oder ständiger starker Befeuchtung ausgesetzt	ja	ja	ja	ja

Entsprechend der DIN 68800 kann trotz der Zuordnung eines Bauteils zu den Gefährdungsklassen 1 bis 4 auf chemischen Holzschutz verzichtet werden, wenn folgende Bedingungen erfüllt werden:
1 Verwendung von Kernhölzern mit einem Splintholzanteil von unter 10 % oder in Räumen mit üblichem Wohnklima, wenn das Holz gegen Insektenbefall abgedeckt ist, oder in Räumen mit üblichem Wohnklima, wenn das Holz so offen angeordnet ist, dass es kontrollierbar bleibt
2 Verwendung von splintfreien Kernhölzern der Resistenzklassen 1, 2 oder 3
3 Verwendung von splintfreien Kernhölzern der Resistenzklassen 1 oder 2
4 Verwendung von splintfreien Kernhölzern der Resistenzklasse 1

Der chemische Holzschutz beruht auf dem Einsatz von Holzschutzmitteln. Diese enthalten biozide Wirkstoffe gegen pflanzliche und tierische Schädlinge. Die Holzschutzmittel dürfen nur dort verwendet werden, wo der Schutz des Holzes es erfordert und eine Gefährdung für Mensch und Tier nicht gegeben ist. Die Warnhinweise und Sicherheitsratschläge in den Sicherheitsdatenblättern und auf den Gebinden sind zwingend zu beachten.

Wenn geschützte Holzbauteile anschließend eine Beschichtung erhalten sollen, muss der Beschichtungsstoff mit dem Holzschutzmittel verträglich sein und darf dessen Wirksamkeit nicht beeinträchtigen.

Die Menge an Holzschutzmittel, die das Holz bei der Schutzmaßnahme aufnimmt bzw. aufnehmen soll, wird als Einbringmenge bezeichnet. Die zum Holzschutz erforderliche Einbringmenge des Holzschutzmittels hängt von den folgenden Faktoren ab:
1 von der Gefährdungsklasse
2 von der Holzqualität
3 von der Art des Holzschutzmittels
4 vom anzuwendenden Arbeitsverfahren.

Es dürfen nur die Holzschutzmittel eingesetzt werden, die vom Bauinstitut Berlin geprüft wurden und denen von diesem die Wirksamkeit in einem Prüfbescheid bescheinigt wurde. Die im Prüfbescheid der Holzschutzmittel genannten Einbringmengen sind zwingend einzuhalten.

Die entsprechend der Gefährdungsklassen eingesetzten Holzschutzmittel müssen nach DIN 68 800 in Abhängigkeit von der Gefährdung folgende Anforderungen erfüllen.

Gefährdungs-klasse	Anforderungen an das Holzschutzmittel	Erforderliche Prüfprädikate für tragende Bauteile
0	keine Holzschutzmittel erforderlich	keine Holzschutzmittel erforderlich
1	insektenvorbeugend	Iv
2	insektenvorbeugend pilzwidrig	Iv P
3	insektenvorbeugend pilzwidrig witterungsbeständig	Iv P W
4	insektenvorbeugend pilzwidrig witterungsbeständig moderfäulewidrig	Iv P W E

Für Holzschutzmittel übliche Einbringverfahren (Auftragsverfahren)

Einbringverfahren	Beschreibung	Eindringtiefe
Streichen	Die Holzschutzmittel werden mit Pinseln aufgestrichen.	sehr gering
Spritzen	Versprühen und Verspritzen mit Luftdruck oder Materialdruck; wegen der Gesundheits- und Umweltschädlichkeit dürfen Holzschutzmittel nur in stationären Anlagen verspritzt werden.	sehr gering
Fluten	Die Hölzer werden mit dem Holzschutzmittel übergossen.	gering
Tauchen	Die Hölzer werden in das Holzschutzmittel getaucht und bleiben dort bis max. einige Minuten.	mittel
Trogtränkung	Die Hölzer werden mehrere Stunden bis Tage in Trögen im Holzschutzmittel untergetaucht gehalten.	hoch
Kesseldrucktränkung	In einem druckdichten Tank wird das Holzschutzmittel durch Druckunterschiede in die Hohlräume des Holzes gedrückt.	sehr hoch
Vakuumtränkung	In einem druckdichten Tank wird das Holz Unterdruck ausgesetzt, bei Druckausgleich nimmt das Holz das Holzschutzmittel auf.	sehr hoch

Die Wahl unter den Einbringverfahren für das Holzschutzmittel (Auftragsverfahren) ist zum Teil durch die Gefährdungsklasse eingeschränkt:
0 keine Holzschutzmittel erforderlich.
1 alle Einbringverfahren sind möglich, soweit der Prüfbescheid des Holzschutzmittels keine Einschränkung macht.
2 alle Einbringverfahren sind möglich, soweit der Prüfbescheid des Holzschutzmittels keine Einschränkung macht.
3 Kesseldrucktränkung und Vakuumtränkung für Rundholz, für Brettschichtholz und Schnittholz ist zusätzlich auch Trogtränkung zulässig, für verleimte Bauteile aber auch Streichen, Sprühen und Tauchen, soweit der Prüfbescheid des Holzschutzmittels keine Einschränkung macht.
4 ausschließlich Kesseldrucktränkung ist zulässig.

Außenfenster und Außentüren aus Holz gehören nach DIN 68800 der Gefährdungsklasse 3 an. Wenn dauerhafter Oberflächenschutz durch Beschichtungen gewährleistet ist, können diese Bauteile nach der gleichen DIN der Gefährdungsklasse 2 zugeordnet werden. Ein ausreichender Oberflächenschutz ist aber erst durch ein komplettes Beschichtungssystem erreicht. Eine Gefahr von Schäden durch Insekten ist in der Regel nicht gegeben. So sollten hier im Sinne des Umwelt- und Gesundheitsschutzes keine insektiziden Holzschutzmittel eingesetzt werden.

Für Außenfenster und Außentüren ist ein chemischer Holzschutz gegen Bläue und holzzerstörende Pilze erforderlich, es sei denn, es wird Kernholz der Resistenzklasse 1 oder 2 verwendet.

Für Außenfenster und Außentüren sind Holzschutzmittel zu verwenden, deren Wirksamkeit und gesundheitliche Unbedenklichkeit bei bestimmungsgemäßer Anwendung festgestellt ist. Das Einbringverfahren ist freigestellt. Die einzubringende Schutzmittelmenge muss die Wirksamkeit sicherstellen. Diese Menge muss auf dem Gebinde angegeben werden.

Die Bauteile müssen allseitig behandelt werden. Vor dem Einbau müssen die Fenster und Außentüren zusätzlich zu der Schutzbehandlung mindestens einen Grund- und einen Zwischenanstrich erhalten. Bei Anwendung geeigneter Werkstoffe können Holzschutzbehandlung und Grundanstrich in einem Arbeitsgang erfolgen.

In der Regel werden Außenfenster und Außentüren bereits vom Fensterbauer mit Holzschutzmitteln geschützt. Ist dies nicht der Fall oder sind bei Instandsetzungsarbeiten rohe Holzteile zu beschichten, muss der Maler und Lackierer den chemischen Holzschutz ausführen.

15.2.1 Holzschutzmittel

Holzschutzmittel sollen das Holz vor Bakterien, Pilzen und Insekten schützen. In der Bundesrepublik Deutschland müssen Holzschutzmittel für den Hochbau von anerkannten Prüfstellen (z. B. die Bundesanstalt Materialforschung und -prüfung, BAM) geprüft und vom Deutschen Institut für Bautechnik (DIBt) zugelassen werden; die Geltungsdauer der Zulassung ist befristet und beträgt maximal fünf Jahre. Die zugelassenen Holzschutzmittel erhalten vom DIBt eine Prüfnummer. Die festgestellten Schutzwirkungen werden auf der Verpackung und in den technischen Merkblättern der Holzschutzmittel in Form von Kurzzeichen angegeben.

Einer allgemeinen bauaufsichtlichen Zulassung nach der Bauordnung der Bundesländer bedürfen
- Mittel zum vorbeugenden Schutz von Bauprodukten und Bauteilen aus Holz für tragende und/oder aussteifende Zwecke vor holzzerstörenden Pilzen und Insekten
- Mittel zum vorbeugenden Schutz von Bauprodukten und Bauteilen aus Holzwerkstoffen für tragende und/oder aussteifende Zwecke vor holzzerstörenden Pilzen und Insekten
- Mittel zur Bekämpfung eines vorhandenen Befalls von Bauteilen aus Holz und Holzwerkstoffen durch holzzerstörende Pilze und Insekten
- Mittel zur Verhinderung des Durchwachsens von Mauerwerk durch den Echten Hausschwamm (Schwammsperrmittel).

Keiner bauaufsichtlichen Zulassung bedürfen
- Mittel zum vorbeugenden Schutz von Bauprodukten und Bauteilen aus Holz für nichttragende und/oder nichtaussteifende Zwecke, z. B. innere Wand- und Deckenverkleidungen, Fenster, Außentüren
- Mittel zum vorbeugenden Schutz von Gegenständen, die nicht Teil einer baulichen Anlage im Sinne der Landesbauverordnung sind, z. B. Gartenmöbel, Bänke
- Mittel zur Bekämpfung eines Befalls durch holzzerstörende Insekten von Gegenständen, die nicht Teil einer baulichen Anlage im Sinne der Landesbauverordnung sind, z. B. alte Möbel
- Bläueschutzmittel zum vorbeugenden Schutz von Holz im Außenbereich ohne Erdkontakt einschließlich Fenster und Außentüren gegen holzverfärbende Organismen.

Holzschutzmittel mit der Gütebezeichnung RAL sind güteüberwacht und auf ihre Wirksamkeit geprüft. Daneben erfolgt eine gesundheitliche Bewertung durch das Bundesinstitut für Risikobewertung (BFR) und eine umweltbezogene amtliche Prüfung.

Bläueschutzmittel nach der VDL-Richtlinie unterliegen einer freiwilligen Registrierung beim Umweltbundesamt (UBA), die eine Prüfung auf Wirksamkeit, gesundheitliche Risiken und Umweltverträglichkeit umfasst.

Insektenbefall (Hausbock) an einem Dachstuhlbalken

Braunfäulepilzbefall an einem Fenster

Kurzzeichen für Holzschutzmittel, deren Schutzwirkung beziehungsweise Eigenschaften:
P   wirksam gegen Pilze; Fäulnisschutz
Iv vorbeugend wirksam gegen Insekten
Ib Insekten bekämpfend
S   geeignet zum Streichen, Spritzen und Tauchen
W   geeignet auch für Holz, das der Witterung ausgesetzt ist
E   geeignet auch für Holz, das extremer Beanspruchung ausgesetzt ist, z. B. in Erdkontakt oder im fließenden Wasser
K   behandeltes Holz führt bei Chrom-Nickel-Stahl nicht zur Lochkorrosion

Das vom DIBt herausgegebene Holzschutzmittelverzeichnis[55] listet alle Holzschutzmittel mit bauaufsichtlicher Zulassung auf, enthält aber nicht den Wortlaut der Zulassung. Den verbindlichen Wortlaut der allgemeinen bauaufsichtlichen Zulassung kann man erfahren
- beim Hersteller des Holzschutzmittels (kostenlos),
- im Internet beim DIBt (kostenpflichtig),
- im Internet beim Fraunhofer-Informationszentrum Raum und Bau (kostenpflichtig).

Holzschutzmittel mit allgemeiner bauaufsichtlicher Zulassung
- sind nur für die gewerbliche Verwendung zugelassen,
- dürfen nur von für Holzschutz qualifizierten Fachfirmen und Fachleuten, die über die erforderliche technische Ausrüstung verfügen, verarbeitet werden,
- werden mit den für die Mittel in den allgemeinen bauaufsichtlichen Zulassungen festgelegten Anwendungsbereichen und Einbringverfahren verarbeitet.

Für die Verarbeitung der Bekämpfungsmittel und Schwammsperrmittel müssen die ausführenden Fachleute außerdem über einen Sachkundenachweis nach der Gefahrstoffverordnung verfügen. Dieser Nachweis besteht im erfolgreichen Ablegen einer schriftlichen und mündlichen Prüfung nach der Ausbildungs- und Prüfungsordnung des Ausbildungsbeirates »Bekämpfender Holzschutz«.

Für die Verwendung der Holzschutzmittel gelten neben dem Wortlaut der bauaufsichtlichen Zulassung
- die Bestimmungen der DIN 68800,
- die geltenden Gesetze, Vorschriften und Regeln zum Arbeitsschutz und Umweltschutz mit den dazugehörigen konkreten Gefahrenhinweisen, Sicherheitsratschlägen, Schutzmaßnahmen, Kennzeichnungspflicht für Holzschutzmittel.

Die Einbringmenge von Holzschutzmitteln darf die Angaben in der bauaufsichtlichen Zulassung weder unterschreiten noch überschreiten, um einerseits die Wirksamkeit sicherzustellen, andererseits die Gefährdung von Gesundheit und Umwelt auszuschließen. Im Innenraum ist in aller Regel kein Schutz durch chemische Holzschutzmittel erforderlich.

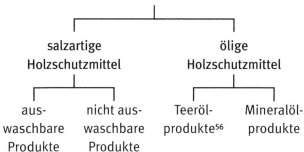

Gruppen von Holzschutzmitteln und ihre wichtigen Eigenschaften

Holzschutzsalze werden in wasserlöslicher Salzform geliefert, einige Holzschutzsalze sind aber nach der Verwendung aufgrund chemischer Reaktionen im Holz wasserunlöslich; nicht für maßhaltiges Holz geeignet

ölige Holzschutzmittel werden als gebrauchsfertige Lösung geliefert, sind zum Teil pigmentiert und somit farbgebend (Imprägnierlasuren)

Holzschutzmittel-Spezialprodukte Spezialprodukte zur Bekämpfung von Mauerschwamm oder zum Schutz von Holzwerkstoffen

Bekämpfungsmittel spezielle Holzschutzsalze oder ölige Mittel, die zur Bekämpfung von holzzerstörenden Insekten eingesetzt werden; besonders gesundheitsschädlich

---

55 Im Buchhandel erhältlich.
56 Die Verwendung von Teerölen in Holzschutzmitteln ist aus Gesundheitsgründen durch die GefStofV §15 verboten. Teeröle sind hier aufgeführt, weil sie vom Maler im Holz als Untergrund vorgefunden werden.

Übersicht über die vorbeugend wirksamen Holzschutzsalze

Produkt-Code*	Holzschutzmitteltyp	Wirkstoffe	Schutzwirkung (Kurzzeichen)	Gefahrstoffkennzeichnung	
HSM-W 10	B-Salze	Borverbindungen	P, Iv	–	
HSM-W 20	SF-Salze	Silicofluoride	P, Iv Iv Iv	minder giftig	
HSM-W 30	HF-Salze	Hydrogenfluoride	P, Iv	giftig	ätzend
HSM-W 40	Chromfreie Cu-Präparate	Kupfer-, Bor- und Kupfer-HDO-Verbindungen	P, Iv	ätzend	
HSM-W 44	Chromfreie Cu-Präparate	Kupfer-, Bor- und Trazol-Verbindungen	P, Iv	ätzend	
HSM-W 47	Bor- und Quat-Präparate	Bor- und Quaternäre Ammonium-Verbindungen	P, Iv	ätzend	
HSM-W 50	Quat-Präparate	Quaternäre Ammonium-Verbindungen	P, Iv	ätzend	
HSM-W 60	Chromfreie Cu-Präparate	Kupfer- und Quaternäre Ammonium-Verbindungen	P, Iv, W, E	ätzend	umweltgefährlich
HSM-W 65	CK-Salze	Chrom- und Kupfer-Verbindungen	P, Iv, W, E	giftig	umweltgefährlich
HSM-W 70	CKB-Salze	Chrom-, Kupfer- und Bor-Verbindungen	P, Iv, W, E	sehr giftig	umweltgefährlich
HSM-W 80	CFB-Salze	Chrom-, Fluor- und Bor-Verbindungen	P, Iv, W	sehr giftig	umweltgefährlich
HSM-W 90	CKF-Salze	Chrom-, Kupfer- und Fluor-Verbindungen	P, Iv, W, E	giftig	umweltgefährlich

* Produkt-Code entsprechend der www.gisbau.de (Internetseite der Berufsgenossenschaft)

Übersicht über die wasserverdünnbaren/lösemittelhaltigen, vorbeugend wirksamen Holzschutzmittel

Produkt-Code	Holzschutzmitteltyp	Wirkstoffe	Schutzwirkung (Kurzzeichen)	Gefahrstoffkennzeichnung
HSM-LV 10	wässerig/wasserverdünnbar	Carbamate, Pyrethroide, Triazole,	P, lv	–
HSM-LV 15	wässerig/wasserverdünnbar, reizend	Triazole, Farox	P, lv	❌ reizend
HSM-LV 20	lösemittelhaltig, entaromatisiert	Carbamate, Pyrethroide, Triazole, Fluanide	P, lv	❌ minder giftig
HSM-LV 30	lösemittelhaltig, aromatenarm	Carbamate, Pyrethroide, Triazole, Fluanide	P, lv	❌ minder giftig
HSM-LV 40	lösemittelhaltig, aromatenreich	Carbamate, Pyrethroide, Fluanide, Ammonium-HDO	P, lv	❌ minder giftig

Übersicht über die wasserverdünnbaren/lösemittelhaltigen, bekämpfend wirksamen Holzschutzmittel

Produkt-Code	Holzschutzmitteltyp	Wirkstoffe	Schutzwirkung (Kurzzeichen)	Gefahrstoffkennzeichnung
HSM-LB 10	wässerig/wasserverdünnbar	Bor-Verbindungen	P, lv, Ib	–
SM-LB 15	wässerig/wasserverdünnbar	Ammonium-Verbindungen	P, lv, Ib	ätzend
HSM-LB 20	wässerig/wasserverdünnbar	Pyrethroide, Benzoylharnstoffderivate	P, lv, Ib	ätzend
HSM-LB 30	lösemittelhaltig, entaromatisiert	Pyrethroide, Benzoylharnstoffderivate, Triazole	P, lv, Ib	❌ minder giftig
HSM-LB 40	lösemittelhaltig, aromatenarm	Pyrethroide, Benzoylharnstoffderivate, Triazole	P, lv, Ib	❌ minder giftig
HSM-LB 50	lösemittelhaltig, aromatenreich	Pyrethroide, Triazole	P, lv, Ib	❌ minder giftig

Holzschutzmittel gehören zu den umweltschädigenden und wassergefährdenden Stoffen. Bei der Verarbeitung muss die Umgebung des Holzschutzmittels sauber gehalten werden. Es darf kein Holzschutzmittel in den Boden oder in Gewässer gelangen.
Holzschutzmittel dürfen nur im Außenbereich eingesetzt werden und nur dann, wenn auf den chemischen Holzschutz entsprechend der DIN 68800 *Holzschutz im Hochbau* und entsprechend den Landesbauverordnungen nicht verzichtet werden kann. Die Reste und Gebinde der Holzschutzmittel sind als besonders überwachungsbedürftige Abfälle zu entsorgen.

 gesundheitsschädlich

 giftig

Holzschutzmittel sind gesundheitsschädlich, zum Teil sogar giftig. Holzschutzmittel dürfen Unbefugten nicht zugänglich sein.
Die in der Gebrauchsanweisung und im Sicherheitsdatenblatt genannten Vorsichtsmaßnahmen sind zu beachten.
Bei Kopfschmerzen, Übelkeit und Schwindelgefühl ist sofort ein Arzt aufzusuchen. Dem Arzt sollte man das Sicherheitsdatenblatt zeigen.

 Schutzhandschuhe benutzen

 Atemschutz benutzen

 Augenschutz benutzen

 Schutzkleidung benutzen

Die Holzschutzmittel dürfen nicht mit bloßen Händen berührt werden. Besondere Vorsicht ist bei offenen Wunden und Hautabschürfungen geboten.
Bei der Verarbeitung müssen undurchlässige Schutzhandschuhe, beim Spritzen und Sprühen müssen zusätzlich Schutzbrille und Atemschutz getragen werden. Alle unbedeckten Körperteile mit fetthaltiger Creme abdecken.
Vorsicht, nicht alle Holzschutzmittel dürfen verspritzt oder versprüht werden!
Atemschutz muss auch getragen werden, wenn nicht für gute Entlüftung gesorgt werden kann.

 Trinken und Essen verboten

 Rauchen verboten

Bei der Arbeit mit Holzschutzmitteln sind Essen, Trinken und Rauchen verboten, da dabei Gefahrstoffe in den Körper gelangen können.

16 Bleichmittel

Bleichmittel sind chemisch wirkende Stoffe, die zum Aufhellen des Holzes verwendet werden. Sie werden eingesetzt, um
– die Eigenfarbe des Holzes zu verändern,
– Flecken im Holz zu egalisieren,
– Farbtonabweichungen des Holzes durch Bleichen und anschließendes Beizen anzugleichen.

Die Bleichmittel für Holz lassen sich in zwei Gruppen einteilen:
1 Bleichmittel zum Aufhellen gerbstoffreicher Holzarten, zum Beispiel Eiche, mit organischen Säuren wie Oxalsäure und Zitronensäure und dem Salz der Oxalsäure, dem Kleesalz.
2 Bleichmittel zum Aufhellen von Holzarten mit geringem Gerbstoffgehalt, zum Beispiel von Fichte und Kiefer. Diese Mittel bleichen das Holz durch Oxidation und Reduktion. Hierzu verwendet man Wasserstoffperoxid.

16.1 Oxalsäure

Oxalsäure ist in Pulverform im Handel. Zum Bleichen werden 30 bis 50 g/l in heißem Wasser aufgelöst. Die Lösung wird heiß auf den zu bleichenden Untergrund aufgetragen. Da Rückstände der Oxalsäure Beizen und Anstrichmittel zerstören können, muss mit warmem Wasser nachgewaschen werden, solange die Oberfläche noch feucht ist. Oxalsäure ist gesundheitsschädlich, beim Verarbeiten ist besondere Vorsicht geboten.

16.2 Kleesalz

Kleesalz entsteht durch die Verbindung von Oxalsäure mit Kalium. Wirkung und Verarbeitung dieses Bleichmittels entsprechen denen der Oxalsäure.

16.3 Zitronensäure

Zitronensäure ist im Gegensatz zur Oxalsäure und zum Kleesalz nicht gesundheitsschädlich, daher wird sie oft als Ersatz für Oxalsäure und Kleesalz verwendet. Auch Zitronensäure wird in heißem Wasser gelöst (30–50 g/l), sie zeigt die stärkste Wirkung, wenn sie heiß aufgetragen wird. Anschließend muss gründlich mit warmem Wasser nachgewaschen werden.

16.4 Wasserstoffperoxid[57]

Wasserstoffperoxid wird in 30 %iger Konzentration flüssig geliefert. Die Lösung enthält außerdem zur Stabilisation starke Säuren, zum Beispiel Phosphorsäure. Zum Bleichen wird Wasserstoffperoxid im Verhältnis 1:1 mit Wasser verdünnt. Bei der Anwendung zerfällt das Wasserstoffperoxid in Wasser und bleichwirksamen Sauerstoff. Diese durch die Stabilisatoren gebremste Reaktion muss durch Wärme oder Salmiakzusatz unmittelbar beim Beizen beschleunigt werden.

In der Praxis setzt man dem Wasserstoffperoxid unmittelbar vor der Verarbeitung 10 % eines 25 %igen konzentrierten Salmiakgeistes zu. Höherer Zusatz vermindert die Bleichwirkung, geringerer Zusatz reicht nicht aus. Auf größere Flächen kann man auch erst die Wasserstoffperoxidlösung und darauf dann die Salmiaklösung auftragen. Die Bleichlösung lässt man einwirken und abtrocknen. Der sich bildende Schaum zeigt, dass bleichfähiger Sauerstoff ungenutzt entweicht. Anschließend muss das gebleichte Holz mit warmem Wasser nachgewaschen werden.

---

[57] Wasserstoffperoxid = alte Bezeichnung ist Wasserstoffsuperoxid

 gesundheits-schädlich   ätzend  Schutzhandschuhe benutzen  Atemschutz benutzen

 Augenschutz benutzen   Schutzkleidung benutzen

Oxalsäure und Kleesalz sind bei Berührung mit der Haut und beim Verschlucken gesundheitsschädlich. Diese Werkstoffe können die Haut reizen, Leber und Niere schädigen und zu Lungenödemen und Muskelkrämpfen führen. Es besteht die Gefahr von Hautresorption[58]. Wasserstoffperoxid in der Lieferkonzentration von 30 % bis 70 % gilt als reizend und ist entsprechend zu kennzeichnen.

Salmiakgeist (Ammoniaklösung) verursacht Verätzungen, reizt Augen, Atmungsorgane und Haut.

Arbeiten nur bei Frischluftzufuhr durchführen. Auftretende Dämpfe direkt an der Entstehungsstelle absaugen. Waschgelegenheiten vorsehen. Augendusche oder Augenspülflasche in der Nähe des Arbeitsplatzes bereitstellen.

Schutzbrille tragen.

Handschuhe tragen.

Hautschutz für alle unbedeckten Körperteile mit fetthaltiger Hautschutzsalbe verwenden.

Atemschutz tragen, wenn keine ausreichende Lüftung möglich ist.

Der Körperschutz hängt vom jeweiligen Arbeitsverfahren ab, es muss zumindest eine Kunststoffschürze getragen werden.

---

[58] Hautresorption = Aufnahme von Gefahrstoffen durch die Haut.

17 HOLZBEIZEN

Holzbeizen sollen die Holzoberfläche färben. Dabei muss die Holzstruktur erhalten bleiben, die Beizen dürfen also nicht decken. Die Beize wird immer mit einem Lack geschützt.

Einteilung der Holzbeizen

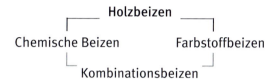

Farbstoffbeizen

Der Farbstoff liegt in der Beize schon vor. Das Beizen ist ein physikalischer Vorgang. Da die weicheren, helleren Stellen im Holz mehr Farbstoffbeize aufsaugen als die härteren, dunkleren Stellen, färben sich die helleren Holzpartien beim Beizen dunkler. So entsteht ein negatives Beizbild.

Positives Beizbild

Negatives Beizbild

Eigenschaften der Beizen

Farbstoffbeizen	Chemische Beizen	Kombinationsbeizen
färben das Holz physikalisch	färben das Holz chemisch	Färben das Holz physikalisch und chemisch
der Farbton ist sofort sichtbar	der Farbton entwickelt sich erst langsam	der Farbton ist sofort sichtbar, verändert sich aber noch
erzeugen ein negatives Beizbild	erzeugen ein positives Beizbild	erzeugen ein gemischtes Beizbild
bestehen aus einem Werkstoff	bestehen aus Vor- und Nachbeize (Doppelbeize)	besteht aus einem Werkstoff
sind für alle Hölzer geeignet	sind für alle Hölzer geeignet	sind nur für gerbstoffhaltige Hölzer geeignet

Chemische Beizen

Der Farbton bildet sich aufgrund der chemischen Reaktionen des Beizmittels im Holz erst einige Zeit nach dem Beizen. Das Holz wird in der Regel zunächst mit einer Vorbeize, dann mit einer Nachbeize behandelt. Deshalb bezeichnet man diese Werkstoffe auch als Doppelbeizen. Da sich der Farbton im Holz erst nach einiger Zeit bildet, verwendet man daneben den Ausdruck Entwicklerbeize. Es entsteht immer ein positives Beizbild, der Eindruck des Holzes bleibt also erhalten. Da die chemischen Beizen sehr schwierig zu verarbeiten sind, werden sie heute kaum mehr eingesetzt.

Kombinationsbeizen

Durch die Kombination von Farbstoffen mit chemischen Beizen wird das Holz physikalisch durch Farbstoffe und chemisch durch Reaktionen im Holz gefärbt.

Die wichtigen Holzbeizen, Handelsformen und Verwendung

Pulverbeizen werden in heißem Wasser aufgelöst, aber kalt verwendet. Es gibt sie in allen Holztönen und vielen Bunttönen. Durch erhöhte Wasserzugabe können die Farbtöne aufgehellt werden. Das Wasser raut das Holz auf.

Wasserbeizen Die flüssigen, gebrauchsfertigen Beizen gibt es in allen Holztönen und vielen Bunttönen. Durch Mischen gleicher Beizen mit unterschiedlichen Farbtönen und/oder mit Beizkonzentrat lassen sich weitere Farbtöne erzielen. Die Wasserbeizen wirken egalisierend, so können Unregelmäßigkeiten im Holz ausgeglichen werden. Die Beizen sind frostempfindlich. Zur Verarbeitung dürfen keine rostenden Arbeitsgeräte eingesetzt werden. Der Wasseranteil raut das Holz auf.

Wasser-Alkohol-Beizen sind wie die Wasserbeizen sofort gebrauchsfertig, haben besonders brillante Farbtöne, trocknen schneller und rauen das Holz weniger auf.

Wachsbeizen Die flüssigen, gebrauchsfertigen Wachsbeizen auf Wasserbasis wirken egalisierend und ergeben einen seidigen Antik-Effekt. Für stärker belastete Flächen eignen sie sich nicht.

Lösemittelhaltige Beizen Bei diesen flüssigen, gebrauchsfertigen Beizen sind die Farbstoffe und Pigmente in Lösemitteln eingearbeitet. Dadurch verkürzen sich die Trockenzeiten. Die Beizen betonen die Poren des Holzes, zum Beispiel bei Esche und Eiche. Holzfehler, wie Äste, Wirbel und gestürzte Furniere werden verstärkt sichtbar. Die Holzfaser wird nicht aufgeraut.

Laugenbeizen Mit diesen gebrauchsfertigen Kombinationsbeizen wird der Effekt der gelaugten Eiche erzielt.

Farb- und Beizextrakte Mit diesen Werkstoffen lassen sich die Farbtöne der Beizen verändern, die Farb- und Beizextrakte müssen aber zu dem System der jeweiligen Beizen gehören.

Verwendung der Beizen

Beizen müssen vor Gebrauch gründlich durchgeschüttelt oder aufgerührt werden. Bei Verwendung mehrerer Einzelgebinde muss deren Inhalt vor Arbeitsbeginn gemeinsam durchgemischt werden.

Holzleimreste müssen vor dem Beizen sorgfältig entfernt werden. Danach wird die Holzfläche mit Schleifpapier der Körnung P 150 bis P 180 in Maserrichtung gründlich geschliffen und der Holzstaub entfernt. Die Poren werden ausgebürstet.

Je nach Sorte können Holzbeizen gestrichen oder gespritzt werden. Dabei ist darauf zu achten, dass nicht zu viel Material aufgetragen wird. Für chemische Beizen und Kombinationsbeizen dürfen keine metallhaltigen Pinsel, Spritzpistolen und Blechgebinde eingesetzt werden.

Der endgültige Farbton der Beizen wird von der Art und Eigenfarbe sowie dem Schliff des Holzes, der Auftragsmenge der Beize und dem folgenden Lack beeinflusst. Deshalb ist immer eine Probebeize mit anschließendem Schutzlack erforderlich.

Holzbeizen dürfen nicht in die Kanalisation gelangen. Die Reste und Gebinde sind als besonders überwachungsbedürftige Abfälle zu entsorgen.

 gesundheitsschädlich  ätzend

 Schutzhandschuhe benutzen  Augenschutz benutzen

Holzbeizen sind gesundheitsschädlich und zum Teil ätzend. Holzbeizen dürfen Unbefugten nicht zugänglich sein.
Die in der Gebrauchsanweisung und im Sicherheitsdatenblatt genannten Vorsichtsmaßnahmen sind zu beachten.
Bei Kopfschmerzen, Übelkeit und Schwindelgefühl ist sofort ein Arzt aufzusuchen. Dem Arzt sollte man das Sicherheitsdatenblatt zeigen.

Die Holzbeizen dürfen nicht mit bloßen Händen berührt werden. Besondere Vorsicht ist bei offenen Wunden und Hautabschürfungen geboten.
Bei der Verarbeitung müssen undurchlässige Schutzhandschuhe, beim Spritzen und Sprühen müssen zusätzlich Schutzbrille und Atemschutz getragen werden. Alle unbedeckten Körperteile mit fetthaltiger Creme abdecken.

 Trinken und Essen verboten   Rauchen verboten

Bei der Arbeit mit Holzbeizen ist das Essen, Trinken und Rauchen verboten, da dadurch Gefahrstoffe in den Körper gelangen können.

18 Holzlasuren

Helle Lasuren und farblose Lackierungen können das Holz nicht ausreichend vor den schädlichen UV-Strahlen schützen.

Holzlasuren sollen dem Holz einen Farbton verleihen, ohne die Holzmaserung zu verdecken. Im Außenbereich müssen die Holzlasuren auch vor Verwitterung schützen, also auch vor Feuchtigkeit und vor UV-Strahlen. Guter UV-Strahlen-Schutz ist nur mit pigmentierten Holzlasuren möglich. Zu helle Lasuren schützen das Holz nicht ausreichend vor den UV-Strahlen. Die zugesetzten UV-Absorber verlieren mit der Zeit an Wirksamkeit.

Dunkle Holzlasuren schützen meist gut vor UV-Strahlen, allerdings verursachen dunkle Anstriche möglicherweise durch Aufheizung Holzschäden wie Harzausfluss und aufgehende Verleimungen. Insektenvorbeugende und pilzwidrige Wirkstoffe sind in der Regel nur in Imprägnierlasuren sinnvoll möglich. Nur diese Lasuren sind dünn genug, um etwas in das Holz einzudringen und so den speziellen Holzschutz zu ermöglichen.

Einteilung der Holzschutzlasuren

Holzlasuren	Bindemittel	Festkörper*	Eigenschaften und Verwendung
Imprägnierlasuren	Alkydharze	unter 30 %	sehr dünnflüssig, daher besonders gutes Eindringvermögen; insektenvorbeugende und pilzwidrige Einstellung ist möglich; ergeben nur sehr dünne Beschichtungen, daher sehr wasserdampfdurchlässig; besonders für nicht maßhaltiges Holz, wie Holzverkleidungen, Balkenkonstruktionen usw. geeignet
Dickschichtlasuren	Alkydharze	30–60 %	dickflüssiger, dringt deshalb kaum in das Holz ein; höhere Schichtdicken sind möglich; höherer Schutz gegen eindringende Feuchtigkeit; besonders für maßhaltiges Holz, wie Fenster u. ä. geeignet
Dispersionslasuren	Acrylharze, z.T. auch Alkydharze	30–50 %	enthalten kaum Lösemittel, daher besonders gesundheits- und umweltfreundlich; dickflüssiger, dringen deshalb kaum in das Holz ein; höhere Schichtdicken sind möglich

* Unter dem Festkörper versteht man die nach dem Trocknen bzw. Erhärten des Beschichtungsstoffes zurückbleibende Menge in Prozent.

19 Brandschutzmittel

Brandschutzmittel sind Beschichtungsstoffe, die auf einen Untergrund aufgetragen werden, um das Brandverhalten der Baustoffe und Bauteile zu verbessern. Mit den Brandschutzmitteln soll die Entflammbarkeit von brennbaren Stoffen reduziert werden und die Feuerwiderstandsdauer von Metallen, in der Regel von Stahl, erhöht werden. In jedem Fall sollen die Möglichkeiten der Feuerwehr zur Eindämmung des Feuers und zur Reduzierung der Schadenshöhe erweitert werden.

Als Brandschutzmittel werden heute ausschließlich Dämmschichtbildner eingesetzt. Diese Beschichtungsstoffe enthalten als Wirkstoffe Ammoniumpolyphosphate, Melamin, Dipentaerythrit und Chlorparaffine. Bei Temperaturen ab 150 °C (423 K) bildet sich eine mehrere Zentimeter dicke Kohlenstoffschaumschicht. Die extrem schlechte Wärmeleitfähigkeit dieser Schicht schützt den Untergrund vor der Hitze. Da die Dämmschichtbildner feuchtigkeitsempfindlich sind, können die meisten Brandschutzbeschichtungen nur im Innenraum eingesetzt werden.

Dämmschichtbildner werden eingesetzt
- zum Schwerentflammbarmachen von brennbaren Baustoffen, zum Beispiel von Holz;
- zur Verbesserung der Feuerwiderstandsdauer von nicht brennbaren Baustoffen, zum Beispiel von Stahl.

Ein Brandschutzsystem besteht aus drei Schichten,
- einer auf das Brandschutzsystem abgestimmten Grundierung,
- dem eigentlichen Dämmschichtbildner,
- einem auf das Brandschutzsystem abgestimmten Schutzlack, der den Dämmschichtbildner vor Feuchtigkeit und Beschädigung schützen soll.

Die Brandschutzmittel müssen vom Institut für Bautechnik geprüft sein und ein Prüfzeichen dieses Instituts aufweisen. Die im Prüfbescheid vorgeschriebene Schichtdicke der Brandschutzbeschichtung ist unbedingt einzuhalten.

Brandversuch an einer Brandschutzbeschichtung auf Holz: Der sich durch die Hitze bildende Kohlenstoffschaum schützt den Untergrund vor der Hitze.

20 Beschichtungen auf Holz

Beschichtungen auf Holz werden in der Regel von einem Handwerksbetrieb für den Kunden ausgeführt. Jeder Kundenauftrag erfolgt auf der Grundlage eines Vertrags. Im Handwerk wird in der Regel die VOB (Vergabe- und Vertragsordnung für Bauleistungen) vereinbart. Ansonsten gelten die Bestimmungen des BGB, Bürgerlichen Gesetzbuchs.

Bereits vor der Ausführung der Arbeiten, aber auch in jeder Phase der Ausführung, ist zu prüfen, ob kein Konflikt mit den Landesbauordnungen (LBO), dem Strafgesetzbuch (StGB) und anderen Gesetzen, Vorschriften und Verordnungen entsteht.

Bei der Ausführung der Beschichtungsarbeiten auf Holz sind zu beachten:

Gesetze, Beispiele
- Bürgerliches Gesetzbuch
- Gesetz zur Regelung des Rechts der Allgemeinen Geschäftsbedingung
- Gesetz gegen den unlauteren Wettbewerb
- Arbeitsschutzgesetz
- Bundesimmissionsgesetz
- Abfallgesetz
- Jugendarbeitsschutzgesetz

Verordnungen, Beispiele
- Gefahrstoffverordnung
- Betriebssicherheitsverordnung
- Wärmeschutzverordnung
- Landesbauordnungen
- Arbeitsstättenverordnung
- Baustellenverordnung
- Abfallnachweisverordnung
- Abfallbeförderungsverordnung
- Biostoffverordnung
- PSA-Benutzungsverordnung

Vorschriften, Beispiele
- Berufsgenossenschaftliche Vorschriften (BG-Vorschriften)
- Technische Anleitung Abfall
- Technische Anleitung zur Reinhaltung der Luft
- Technische Anleitung zum Schutz gegen Lärm

Normen, Beispiele
- ISO-Normen
- EN-Normen
- DIN-Normen
- RAL

Technische Regeln, Beispiele
- BFS-Merkblätter
- Technische Regeln für Gefahrstoffe
- Technische Regeln für Biologische Arbeitsstoffe
- Berufsgenossenschaftliche Regeln

Das Bürgerliche Gesetzbuch (BGB) vom 18.08.1896 ist seit dem 01.01.1990 mit nachträglichen Änderungen (Neufassung vom 02.02.2002) in Kraft. Es ist die wichtigste gesetzliche Grundlage des bürgerlichen Rechts und enthält die allgemeinen Vorschriften des privaten Rechts. Das BGB ist seit dem 03.10.1990 auch in den neuen Ländern in Kraft, nachdem es in der DDR 1976 durch das Zivilgesetzbuch abgelöst worden war. Dem Einführungsgesetz zum BGB vom 18.08.1896 (in der Fassung vom 21.09.1994) wurde 1990 ein sechster Teil angefügt, der das Übergangsrecht zu den Bestimmungen des BGB für die neuen Länder enthält.

Weitere Teile des Privatrechts sind außerhalb des BGB geregelt, zum Beispiel im Verkehrsrecht, Urheberrecht, Privatversicherungsrecht, Arbeitsrecht.

Das Bürgerliche Gesetzbuch (BGB) ist die gesetzliche Grundlage für Werkverträge. Das Werkvertragsrecht mit den §§ 631–651 spielt beim Kundenauftrag eine große Rolle. Im Werkvertrag nach BGB gibt es immer zwei Vertragspartner. Das BGB lässt für Verträge für Bauleistung ausdrücklich die freie Vereinbarung zu. Da die VOB die

Belange des Werkvertrags über Bauleistungen besser berücksichtigt, empfiehlt es sich, die Vergabe auf der Grundlage der VOB durchzuführen. Wenn die VOB nicht ausdrücklich vereinbart ist, gilt das BGB. Gemäß VOB ist der Auftragnehmer verpflichtet, die gesetzlichen und behördlichen Bestimmungen zu beachten

Die für den Holz beschichtenden Handwerker besonders wichtigen VOB-Teile sind

Teil A	DIN 1960	Allgemeine Bestimmungen für die Vergabe von Bauleistungen
Teil B	DIN 1961	Allgemeine Vertragsbedingungen für die Ausführung von Bauleistungen
Teil C	DIN 18299	ATV[59] Bauleistungen
Teil C	DIN 18334	ATV Zimmer- und Holzbauarbeiten
Teil C	DIN 18355	ATV Tischlerarbeitern
Teil C	DIN 18356	ATV Parkettarbeiten
Teil C	DIN 18363	ATV Maler- und Lackierarbeiten – Beschichtungen

Häufig werden Allgemeine Geschäftsbedingungen (AGB), also vorformulierte Vertragsbedingungen, Teil von Werkverträgen. Das Gesetz zur Regelung des Rechts der Allgemeinen Geschäftsbedingungen (AGB) bietet dafür die gesetzliche Grundlage. Allgemeine Geschäftsbedingungen werden nur dann Bestandteil eines Vertrags, wenn der Verwender bei Vertragsabschluss

1. die andere Vertragspartei ausdrücklich oder, wenn ein ausdrücklicher Hinweis wegen der Art des Vertragsabschlusses nur unter unverhältnismäßigen Schwierigkeiten möglich ist, durch deutlich sichtbaren Aushang am Ort des Vertragsabschlusses auf sie hinweist und
2. die andere Vertragspartei die Möglichkeit hat, in zumutbarer Weise von ihrem Inhalt Kenntnis zu nehmen, und wenn die andere Vertragspartei mit ihrer Geltung einverstanden ist.

Dabei ist es gleichgültig, ob die Bestimmungen einen äußerlich gesonderten Bestandteil des Vertrags bilden oder in die Vertragsurkunde selbst aufgenommen werden und welchen Umfang sie haben.
Eine 1955 geschlossene Vereinbarung zwischen der Bundesrepublik Deutschland und den Bundesländern besagt: Es obliegt den Bundesländern, gesetzlich zu regeln, wie zu bauen ist. Die Baugenehmigung ist daher in den Landesverordnungen geregelt. Das Baugenehmigungsverfahren beginnt mit dem Bauantrag und endet, abhängig von der Rechtslage, mit dem Erteilen der Baugenehmigung in Form des Bauscheins oder der Ablehnung. Die Baugenehmigung kann mit Auflagen und Bedingungen verbunden werden. Neuerdings stellen die Landesbauordnungen vermehrt bestimmte Baumaßnahmen baugenehmigungsfrei und beschränken sich zum Teil auf Anzeigepflichten. Gegen die Baugenehmigung können nachbarrechtsgeschützte Nachbarn bei Verletzung ihrer Rechte Klage erheben.

Die Landesbauordnungen sind Landesgesetze, in denen die Planung und Ausführung von Bauarbeiten geregelt ist. Die LBO wird jeweils durch bauordnungsrechtliche Regelungen ergänzt, die bei jedem Bauvorhaben beachtet werden müssen. Die Anforderungen beziehen sich auf das Grundstück und seine Bebauung, zum Beispiel auf die Einhaltung von Abständen, die äußere Gestaltung, die Standsicherheit, den Schutz gegen Erschütterungen, Feuchtigkeit, Korrosion, Brand- und Wärmeschutz, die Verkehrssicherheit, die Beleuchtung, die Beheizung und vieles mehr.

Ergänzend zur jeweilig geltenden Landesbauordnung (LBO) gelten die

– der LBO nachfolgenden Rechtsverordnungen,
– Verwaltungsvorschriften,
– Technischen Baubestimmungen (TBB),
– bauaufsichtlichen Regelungen, wie die Bauregelliste A (BRL A),
– geforderte Verwendbarkeitsnachweise, zum Beispiel eine »Allgemeine bauaufsichtliche Zulassung« (AbZ).

20.1 Werkvertragsrecht

Sowohl VOB als auch BGB verlangen, dass der Auftragnehmer (der Handwerker) dem Auftraggeber (dem Kunden) seine Leistung frei von Sachmängeln und den anerkannten Regeln der Technik entsprechend zu übergeben hat. Ist die Beschaffenheit der Leistung nicht vereinbart, so ist die Leistung frei von Sachmängeln, wenn sie die bei

---

59 ATV = Allgemeine technische Vertragsbedingungen

gleichen Werken vorausgesetzte Beschaffenheit aufweist und sich für die gewöhnliche Verwendung eignet. Diese Auslegung führt immer wieder zu Streitigkeiten, bei denen dann ein öffentlich bestellter und vereidigter Sachverständiger außergerichtlich oder im Auftrag der Gerichte die Leistungen zu bewerten hat.

Trotz dieser grundsätzlichen Übereinstimmung gibt es im Detail Unterschiede:

Bei BGB-Verträgen gilt

Der Unternehmer hat dem Besteller das Werk frei von Sach- und Rechtsmängeln zu verschaffen.

Das Werk ist frei von Sachmängeln, wenn es die vereinbarte Beschaffenheit hat.

Soweit die Beschaffenheit nicht vereinbart ist, ist das Werk frei von Sachmängeln, ist die Leistung zur Zeit der Abnahme frei von Sachmängeln, wenn sie sich für die nach dem Vertrag vorausgesetzte, sonst für die gewöhnliche Verwendung eignet und eine Beschaffenheit aufweist, die bei Werken der gleichen Art üblich ist und die der Besteller nach Art des Werkes erwarten kann. Einem Sachmangel steht es gleich, wenn der Unternehmer ein anderes als das bestellte Werk oder das Werk in zu geringer Menge herstellt.

Das Werk ist frei von Rechtsmängeln, wenn Dritte in Bezug auf das Werk keine oder nur die im Vertrag übernommenen Rechte gegen den Besteller geltend machen können.

Die Gewährleistung beträgt 5 Jahre, beginnend ab Abnahme der Leistung.

Bei VOB-Verträgen gilt

Der Auftragnehmer hat dem Auftraggeber seine Leistung zum Zeitpunkt der Abnahme frei von Sachmängeln zu verschaffen.

Die Leistung ist zur Zeit der Abnahme frei von Sachmängeln, wenn sie die vereinbarte Beschaffenheit hat und den anerkannten Regeln der Technik entspricht.

Ist die Beschaffenheit nicht vereinbart, ist die Leistung zur Zeit der Abnahme frei von Sachmängeln, wenn sie sich für die nach dem Vertrag vorausgesetzte, sonst für die gewöhnliche Verwendung eignet und eine Beschaffenheit aufweist, die bei Werken der gleichen Art üblich ist und der Auftraggeber nach Art der Leistung erwarten kann.

Ist ein Mangel auf die Leistungsbeschreibung oder auf Anordnungen des Auftraggebers zurückzuführen, auf die von diesem gelieferten oder vorgeschriebenen Stoffe oder Bauteile oder die Beschaffenheit der Vorleistung eines anderen Unternehmers, haftet der Auftragnehmer, es sei denn, er hat Bedenken[60] angemeldet.

Die Gewährleistung beträgt 4 Jahre, beginnend ab Abnahme der Leistung.

60 Die VOB fordert bei der Bedenkenanmeldung grundsätzlich die Schriftform.

Da in Deutschland Vertragsfreiheit herrscht, dürfen Auftraggeber und Auftragnehmer (bzw. Besteller und Unternehmer) Anforderungen auch über die gesetzlichen Bestimmungen hinaus vertraglich vereinbaren.

20.1.1 Bedenkenmitteilung

Sind im Ablauf der Beschichtungsarbeiten Probleme beim Untergrund oder der geplanten Beschichtung erkennbar, hat der Unternehmer (der Handwerker) unverzüglich schriftlich Bedenken mitzuteilen entsprechend der DIN 1961 *VOB Teil B Allgemeine Ausführung von Bauleistungen § 4*:
»Hat der Auftragnehmer Bedenken gegen die vorgesehene Art der Ausführung (auch wegen der Sicherung gegen Unfallgefahren), gegen die Güte der vom Auftraggeber gelieferten Stoffe oder Bauteile oder gegen die Leistungen anderer Unternehmer, so hat er sie dem Auftraggeber unverzüglich – möglichst schon vor Beginn der Arbeiten – schriftlich mitzuteilen; der Auftraggeber bleibt jedoch für seine Angaben, Anordnungen oder Lieferungen verantwortlich.«

20.1.2 Auftragsabwicklung

Vor einem Auftrag wird in aller Regel ein Kostenangebot angefordert. Bei Privataufträgen werden meistens die Handwerker die zu erbringenden Leistungen im Kostenangebot formulieren und die Preise dazu berechnen. Aus dem Kostenangebot muss der Kunde den tatsächlich zu bezahlenden Preis, also einschließlich Umsatzsteuer erkennen können.
Bei größeren Aufträgen werden meistens Kostenangebote von mehreren Firmen eingeholt. Dazu wird dem Handwerker vom Auftraggeber in der Regel ein Leistungsverzeichnis zum Eintragen der Preise zugesandt. Das Leistungsverzeichnis enthält Angaben zum Projekt (Bauvorhaben), Vertragsinhalte und eine Auflistung der zu erbringenden Leistungen.
Die Leistungsbeschreibung ist die Beschreibung der auszuführenden Arbeiten (Leistungen) in einem Leistungsverzeichnis oder einem Kostenangebot.
Sind sich Auftraggeber und Maler- und Lackierbetrieb über die auszuführenden Leistungen und die Preise einig

geworden, werden die Ausführungsfristen, also Beginn und Fertigstellung der Leistung vereinbart. Für das Überziehen der Ausführungsfristen werden häufig empfindliche Vertragsstrafen fällig.
Nach VOB Teil A DIN 1960 *Allgemeine Bestimmungen für die Vergabe von Bauleistungen* ist die Leistung im Leistungsverzeichnis derart aufzugliedern, dass unter einer Ordnungszahl (Position) nur solche Leistungen aufgenommen werden, die nach ihrer technischen Beschaffenheit und für die Preisbildung als in sich gleichartig anzusehen sind. Ungleichartige Leistungen sollen unter einer Ordnungszahl nur zusammengefasst werden, wenn eine Teilleistung gegenüber einer anderen für die Bildung eines Durchschnittspreises ohne nennenswerten Einfluss ist. Eine Leistung muss in einer eigenen Position erfasst werden, wenn
– die zu erbringende Leistung von der Leistung in einer anderen Position abweicht,
– die Abrechnungseinheit (m² oder m) nicht mit der der anderen Position übereinstimmt.

Nach VOB Teil A DIN 1960 *Allgemeine Bestimmungen für die Vergabe von Bauleistungen* ist die Leistung so eindeutig und erschöpfend zu beschreiben, dass alle die Beschreibung im gleichen Sinne verstehen müssen und ihre Preise sicher und ohne Vorarbeiten berechnen können. DIN-Normen sind rechtlich nur verbindlich, wenn sie vertraglich vereinbart werden. Ausnahmen bilden Normen, die durch Verordnungen rechtsverbindlich werden. DIN-Normen gehören zu den anerkannten Regeln der Technik.

20.1.3 Abnahme der Leistung

Ein Kundenauftrag ist erst mit der Abnahme der Leistung abgeschlossen. Man unterscheidet nach DIN 1961 VOB Teil B *Allgemeine Ausführung von Bauleistungen § 12* zwei Arten der Abnahme:
Förmliche Abnahme Eine förmliche Abnahme hat stattzufinden, wenn der Kunde oder der Unternehmer dies verlangt. Üblicherweise wird bei großen Aufträgen eine förmliche Abnahme durchgeführt.
Abnahme durch Nutzung Wird keine förmliche Abnahme verlangt, so gilt die Leistung nach Ablauf von 6 Werktagen nach Beginn der Nutzung durch den Auftraggeber

oder 12 Werktage nach schriftlicher Mitteilung über die Fertigstellung der Leistung als abgenommen.

Die Abnahme ist sehr wichtig, da die Leistung bis zur Abnahme vor Beschädigung geschützt werden muss und so immer wieder kostenlos auszubessern ist. Außerdem beginnt erst ab dem Zeitpunkt der Abnahme die Verjährungsfrist für Mängelansprüche.

20.2 Neubeschichtungen

Bei Neubeschichtungen wird die Beschichtung auf einem bislang nicht behandelten Holzuntergrund ausgeführt. Ist entsprechend der Konstruktion und der zu erwartenden Belastung eine Holzschutzmittelbehandlung nach DIN 68800 erforderlich, ist diese in der Regel vom Schreiner oder Zimmerer auszuführen. Für den Maler und Lackierer ist nicht erkennbar, ob bereits ein Holzschutz aufgetragen wurde. Eine Klärung ist durch Nachfrage beim Auftraggeber möglich.

Sind bereits Grundierungen vorhanden, muss die folgende Beschichtung auf diese abgestimmt werden. Am besten sollte immer auf der gleichen Bindemittelbasis vom gleichen Hersteller weiter gearbeitet werden.

20.3 Überholung von Altbeschichtungen

Bei der Überarbeitung von Altbeschichtungen an maßhaltigen Bauteilen, zum Beispiel Fenstern, ist zwischen Instandhaltung und Instandsetzung zu unterscheiden. Unter Instandhaltung versteht man die Pflege und Wartung der Bauteile zum Erhalt von Funktion, Schutz und Aussehen. Das setzt voraus, dass die Konstruktion und die Funktionsfähigkeit des Bauteils untadelig sind. Um dies festzustellen, sind unfangreiche Prüfungen erforderlich. Wenn diese Prüfungen Probleme aufzeigen, sind keine Instandhaltungsarbeiten, sondern Instandsetzungsarbeiten durchzuführen.

Instandsetzungsarbeiten umfassen alle Maßnahmen zur Wiederherstellung der Funktion, des Schutzes und der Optik. Wenn der Auftrag für den Maler die für die Instandsetzung erforderlichen Arbeiten nicht bereits vorsieht, muss der Unternehmer entsprechend der VOB DIN 18363 *Maler und Lackierarbeiten – Beschichtungen* schriftlich Bedenken mitteilen. Zusätzlich erforderliche Arbeiten dürfen erst nach Auftragserteilung ausgeführt werden. Ansonsten besteht die Gefahr, dass diese Arbeiten nicht honoriert werden.

Bei den Prüfungen für Instandhaltung und Instandsetzung ist an Fenstern auch der Zustand der Innenseiten zu beachten. Feuchtigkeit darf von der Innenseite nicht in das Holz eindringen können, weil die Feuchte sonst das Holz durchwandern und Abplatzungen an der Außenbeschichtung verursachen kann.

Instandhaltungs- und Instandsetzungsarbeiten sollten immer mit den gleichen Werkstoffen ausgeführt werden, wie sie bei der Altbeschichtung vorgefunden werden. Insbesondere Dispersionswerkstoffe dürfen nicht mit Alkydharzwerkstoffen überarbeitet werden. Mit Dispersionswerkstoffen hergestellte Beschichtungen sind thermoplastisch, werden also bei Erwärmung wieder weich. Werden nun Dispersionsbeschichtungen mit den nicht thermoplastischen Alkydharzwerkstoffen überarbeitet, sind Rissbildungen bei der neuen Beschichtung möglich. Außerdem zeigen die wasserverdünnbaren Dispersionswerkstoffe nach der Trocknung größere Wasserquellbarkeit als mit Alkydharzwerkstoffen hergestellte Beschichtungen. Dadurch sind Ablösungen möglich.

Erkennen der Altbeschichtungen auf Holz
– Mit Dispersionlacken hergestellte Beschichtungen lassen sich nach der Trocknung mit Nitroverdünnung anlösen.
– Mit Alkydharzwerkstoffen hergestellte Beschichtungen lassen sich nach der Trocknung mit Abbeizlaugen verseifen und werden so wasserlöslich.
– Mit 2-K-Lacken hergestellte Beschichtungen lassen sich weder mit Nitroverdünnung anlösen noch mit Abbeizlaugen verseifen.
– Schellackbeschichtungen auf historischen Möbeln lassen sich mit Spiritus (Alkohol) anlösen und so erkennen.

Durch Alterung versprödete und nicht tragfähige Altbeschichtung

20.4 Erneuerungsbeschichtungen

Erneuerungsbeschichtungen sind erforderlich, wenn die vorhandene Altbeschichtung schadhaft und nicht zum Überarbeiten geeignet ist.

Vor dem Erneuerungsanstrich muss die schadhafte Altbeschichtung vollständig entfernt werden. Häufig eingesetzte Arbeitsverfahren zur Entfernung der Altbeschichtung sind:

Abbeizen Abbeizlaugen eignen sich zur Entfernung von Alkydharzlacken, diese werden durch die starken Laugen chemisch verseift und so wasserlöslich. Abbeizfluide enthalten starke Lösemittel, die alle Beschichtungen physikalisch lösen.

mechanisches Abschleifen Beim Abschleifen ist darauf zu achten, dass der Untergrund nicht geschädigt wird. Alle Kanten müssen vor der Beschichtung gerundet sein.

Nach dem Entfernen der Altbeschichtung wird die folgende Beschichtung aufgebaut wie die Neubeschichtung.

20.5 Klimatische Beanspruchungsgruppen

Die Haltbarkeit und Schutzwirkung der Beschichtungen hängt entscheidend von der Wetterbeanspruchung ab. Allgemein geht man davon aus, dass die Wetterbelastung an der Nordseite eines Gebäudes relativ gering ist, während Bauteile aus Holz an der Südwestseite, der Wetterseite, der intensivsten Beanspruchung ausgesetzt sind. In der Praxis sind die Beanspruchungsbedingungen nicht nur vom Klima, sondern auch vom Schutz, den das Gebäude bietet, abhängig. Mit konstruktiven Maßnahmen, zum Beispiel Überdachungen und Leibungen, wird die Intensität der Beanspruchung durch Sonneneinstrahlung, Niederschlag und Wind verringert.

In Anlehnung an DIN 50 010 Teil 1 *Klimabegriffe; allgemeine Klimabegriffe* unterscheidet man drei klimatische Beanspruchungsgruppen. Die Beschichtungsstoffe müssen die Anforderungen erfüllen, die bei der jeweiligen Beanspruchungsgruppe an die Beschichtung gestellt werden. Bei der Auswahl des Beschichtungssystems ist darauf zu achten, dass die Beschichtungsstoffe für die jeweilige Klimabeanspruchung geeignet sind. Es wird von der am Objekt vorhandenen höchsten Beanspruchung und dem ungünstigsten konstruktiven Schutz der gleichartig zu behandelnden Holz-Außenbauteile ausgegangen. Unter diesen Voraussetzungen ist die klimatische Beanspruchung in drei Gruppen eingeteilt:

Außenraumklima

geringe Klimabeanspruchung
Konstruktion geschützt

Die Holzbauteile sind gegen unmittelbare Sonneneinstrahlung, Niederschläge und Wind geschützt, im Übrigen aber einem Freiluftklima ausgesetzt; zum Beispiel zurückgesetzte Fenster und Außentüren an Balkonen, Loggien und Laubengängen.

Freiluftklima 1

normale Klimabeanspruchung
Konstruktion teilweise geschützt

Auf die Holzbauteile kann das im Freien herrschende Klima mit Sonnenbestrahlung, Niederschlägen und Wind (mit geringem konstruktivem Schutz) einwirken; zum Beispiel an Gebäuden mit bis zu drei Geschossen in geschützter Lage mit zurückgesetzten Fenstern und Außentüren in üblichen Leibungen oder mit kleinen Überdachungen.

Freiluftklima 2

extreme Klimabeanspruchung
Konstruktion nicht geschützt

Auf die Holzbauteile kann das im Freien herrschende Klima mit Sonnenbestrahlung, Niederschlägen und Wind ungehindert einwirken; z. B. an Gebäuden mit über 3 Geschossen und an Gebäuden mit bis zu 3 Geschossen in besonders exponierter Lage, vor allem auch bei fassadenbündigen und vorgesetzten Fenstern und Außentüren (ohne baulichen Schutz) in allen Geschossen.

Die tatsächliche Beanspruchung von Fenstern, Außentüren und Holzkonstruktionen hängt ganz wesentlich von der Qualität des Holzes, der Holzkonstruktion und der Architektur des Hauses ab.

Auch die DIN EN 927-1 *Lacke und Anstrichstoffe – Beschichtungsstoffe und Beschichtungssysteme für Holz im Außenbereich – Teil 1: Einteilung und Auswahl* differenziert nach der Beanspruchung.

Bestimmung der Beanspruchung analog der DIN EN 927-1

Konstruktion	Klimabedingungen		
	gemäßigt	streng	extrem
geschützt	Belastung schwach	Belastung schwach	Belastung mittel
teilweise geschützt	Belastung schwach	Belastung mittel	Belastung stark
nicht geschützt	Belastung mittel	Belastung stark	Belastung stark

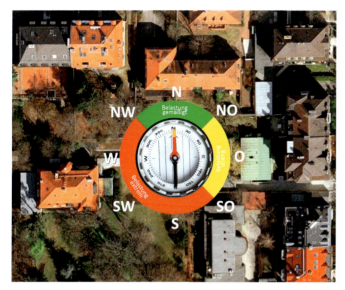

Wetterbeanspruchung

Wie sehr Holzbauteile durch Wind und Wetter belastet werden, hängt von der Lage des Hauses, aber auch von der geografischen Ausrichtung der Holzflächen ab. Während die Wetterbeanspruchung an der Nordseite eines Gebäudes als gemäßigt eingestuft wird, werden die Wetterbeanspruchung der Ostseite als streng und die der Süd- und Westseite als extrem klassifiziert.

Die Haltbarkeit der Außenbeschichtung von Holzfenstern und Außentüren hängt ganz wesentlich vom Zustand der Innenbeschichtung ab. Deshalb ist bei jeder Außenbeschichtung derartiger Objekte zu prüfen, ob auch eine neue Innenbeschichtung erforderlich ist.

20.6 Farbton der Beschichtungen

Im Innenraumbereich ist die Farbtonauswahl nur von geschmacklichen Kriterien eingeschränkt. Außen hingegen können Klarlacke, zu helle Lasuren und zu dunkle Anstriche Beschichtungsschäden verursachen. Da Klarlacke und farblose beziehungsweise sehr helle Lasuren die schädlichen, das Holz zerstörenden UV-Strahlen durchlassen, sollte man im Außenbereich deckende Anstriche oder Lasuren in mittleren Farbtönen einsetzen. Die UV-Strahlen zerstören das Lignin des Holzes. In Verbindung mit Feuchtigkeit vergraut das Holz. Die Beschichtungen platzen ab.

Zu dunkle Farbtöne heizen das Holz zu stark auf. Dadurch kommt es zu einer starken Belastung der Holzkonstruktion und bei harzreichen Hölzern zu Harzausfluss, da der Erweichungspunkt des Harzes bei ca. 60 °C (= 333 K) liegt. Harzausfluss lässt sich mit Beschichtungen nicht verhindern.

Unter Klarlacken und zu hellen Lasuren vergraut das Holz. Auf der zerstörten Holzfaser hält keine Beschichtung.

An deckende Beschichtungen gemessene Oberflächentemperaturen

RAL-Farbtonnummer	Farbtonbezeichnung	Tönung	Oberflächentemperatur
9001 1004 1015	Weiß Gelb Hellelfenbein	hell getönt	40–50 °C (313–323 K)
2002 2010 3000	Blutorange Signalorange Feuerrot	mittel getönt	50–65 °C (323–338 K)
3003 5007 5010 6001 7001 7011 7031 8003 9005	Rubinrot Brillantblau Enzianblau Resedagrün Silbergrau Eisengrau Blaugrau Siena Schwarz	dunkel getönt	65–80 °C (338–353 K)

Bei Lasuranstrichen gemessene Oberflächentemperaturen

Farbton der Lasur	Tönung	Oberflächentemperatur
Natur Hellbraun Eiche	hell getönt	50–60 °C (323–333 K)
Eiche dunkel Mittelbraun Teak	mittel getönt	60–70 °C (333–343 K)
Nussbaum Palisander Ebenholz	dunkel getönt	70–80 °C (343–353 K)

Die Farbtöne der verschiedenen Hersteller tragen sehr unterschiedliche Bezeichnungen und sind untereinander kaum vergleichbar. Da für die Musterkarten spezielle Hölzer verwendet werden oder gar ein Druck den Farbton vermitteln soll, gibt es in der Praxis große Farbtonabweichungen. Im Zweifelsfall empfiehlt sich ein Musteranstrich.

20.7 Beschichtungsstoffe

Nach DIN 55945 *Anstrichstoffe; Begriffe* ist die Bezeichnung Lack ein Sammelbegriff für Werkstoffe, die eine Beschichtung mit lackähnlichen Eigenschaften ergeben. Die Filmbildner, also die Bindemittel, waren früher natürliche Öle und Harze. Heute werden die Lackbindemittel meist vollsynthetisch hergestellt. Eine Ausnahme stellen die Naturharzlacke dar.

Pigmentierte Lacke, also deckende Lacke, werden als Lackfarben bezeichnet. Lackfarben mit großem Füllstoffanteil werden als Füller und Vorlacke oder in pastöser Form als Spachtelmassen eingesetzt.

Am 01.11.2007 ist die VOC-Richtlinie[61] gemäß 31. BImSchV in Kraft getreten. Alle Unternehmer, die Beschichtungsstoffe verarbeiten, sind verpflichtet, die Emissionen[62] von Lösemitteln zu reduzieren und dieses den zuständigen Umweltbehörden nachzuweisen. Auf der Basis der Richtlinie des Europäischen Parlaments und des europäischen Rats über die Begrenzung der Emissionen flüchtiger organischer Verbindungen aufgrund der Verwendung von Dekorfarben und -lacken wurde die deutsche Chemikalienrechtliche Verordnung zur Begrenzung der Emissionen flüchtiger organischer Verbindungen (VOC) durch Beschränkung des Inverkehrbringens lösemittelhaltiger Farben und Lacke (Lösemittelhaltige Farben- und Lack-Verordnung ChemVOCFarbV) im Dezember 2004 erlassen. Diese Verordnung ist für Bautenlacke und -farben sowie für Autoreparatursysteme und für kleine stationäre Anlagen gültig, nicht aber für sonstige anlagengebundene Arbeiten.

Entsprechend der ChemVOCFarbV dürfen Farben und Lacke mit einem Gehalt an VOC oberhalb definierter Grenzwerte ab einem bestimmten Zeitpunkt nicht mehr in Verkehr gebracht werden. Produkte, die vor 2007 beziehungsweise 2010 hergestellt wurden, dürfen bis zu 12 Monaten nach Inkrafttreten der Grenzwerte in Verkehr gebracht werden. Unter VOC (*volatile organic compounds*) versteht man organische Verbindungen mit einem Siedepunkt bis einschließlich 250 °C (523 K). Im Bereich der handwerklichen Beschichtungen sind das organische Lösemittel, Weichmacher und Restmonomere. Der VOC-Gehalt (g/l) bezieht sich auf das gebrauchsfertige Produkt. Die flüchtigen organischen Verbindungen sind problematisch, weil
– sie auf den Menschen unmittelbar gesundheitsschädlich wirken,
– sie in Verbindung mit Stickoxiden und Sonnenstrahlen das bodennahe Ozon bilden.

Das Ozon wirkt auf Menschen und Tiere, es kann
– Augen, Schleimhäute und Lunge reizen,
– Atembeschwerden verursachen,
– die Widerstandsfähigkeit gegen Infektionen vermindern,
– als Zellgift Gewebe verändern oder zerstören.

Das Ozon wirkt auf Pflanzen, es kann
– die Photosynthese hemmen,
– wachstumshemmend sein,
– die Alterung beschleunigen.
– die Ernteerträge mindern.

Die VOC-Regulierung erfolgt in zwei zeitlichen Stufen:
– Stufe 1: 2007
– Stufe 2: 2010

---

61 Flüchtige organische Lösemittel (VOC = Volatile Organic Compounds) können die Gesundheit direkt schädigen, andererseits sind sie zusammen mit den Stickoxiden Grundlage für bodennahes Ozon, das bei hoher Sonnenstrahlung entsteht und den sog. Sommersmog bildet. Um diese Umweltschädigung zu verringern, wurde die Europäische VOC-Richtlinie erlassen. Sie wurde im Dezember 2004 in Deutschland in der Lösemittelhaltige Farben- und Lackverordnung (ChemVOCFarbV) rechtsverbindlich umgesetzt. Darin werden max. Lösemittelmengen für die verschiedenen Beschichtungsstoffe festgelegt.

62 Emissionen im Sinne des Gesetzes sind die von einer Anlage oder Produktion ausgehenden Luftverunreinigungen, Geräusche, Erschütterungen, Licht, Wärme, Strahlen und ähnliche Umwelteinwirkungen in der Luft, in einem Gewässer oder im Boden.

Grenzwerte für den VOC-Höchstgehalt von Bautenfarben und -lacken in g/l*

	Produktkategorie	Typ	Stufe 1 ab 01.01.2007	Stufe 2 ab 01.01.2010
a	Matte Beschichtungsstoffe (Glanz ≤ 25 E/60°) für Innenwände und -decken	wasserbasiert lösemittelbasiert	75 400	30 30
b	Glänzende Beschichtungsstoffe (Glanz > 25 E/60°) für Innenwände und -decken	wasserbasiert lösemittelbasiert	150 400	100 100
c	Beschichtungsstoffe für Außenwände aus mineralischen Baustoffen	wasserbasiert lösemittelbasiert	75 400	40 430
d	Beschichtungsstoffe für Holz-, Metall- oder Kunststoffe für Gebäude, Gebäudeteile und -bekleidungen innen und außen, inkl. Grund- und Zwischenbeschichtungsstoffen	wasserbasiert lösemittelbasiert	150 400	130 300
e	Klarlacke und Lasuren für Gebäude. Gebäudeteile und -bekleidungen innen und außen	wasserbasiert lösemittelbasiert	150 500	130 400
f	Minimal filmbildende Lasuren	wasserbasiert lösemittelbasiert	150 700	130 700
g	Absperrende Grundbeschichtungsstoffe auf Holz, Decke und Wand	wasserbasiert lösemittelbasiert	50 450	30 350
h	Verfestigende Grundbeschichtungsstoffe, Hydrophobierung und Bläueschutz	wasserbasiert lösemittelbasiert	50 750	30 750
i	Einkomponenten-Speziallacke für Kunststoffe, Korrosionsschutz, Graffitischutz, Brandschutz, Bodenbeschichtungen	wasserbasiert lösemittelbasiert	140 600	140 500
j	Zweikomponenten-Speziallacke	wasserbasiert lösemittelbasiert	140 550	140 500
k	Multicolor-Beschichtungsstoffe	wasserbasiert lösemittelbasiert	150 400	100 100
l	Beschichtungsstoffe für Dekorationseffekte, der Effekt wird während der Trocknung mit dem Werkzeug erzeugt	wasserbasiert lösemittelbasiert	300 500	200 200

* Zum besseren Vergleich werden alle in der VOC-Verordnung aufgeführten Beschichtungsstoffe aufgelistet, auch wenn sie nicht für Holz geeignet sind.

Die VOC-Richtlinie hat und wird die Verwendung der unterschiedlichen Beschichtungsstoffe enorm verändern. So wird es zum Beispiel künftig nicht mehr möglich sein, Nitrolacke einzusetzen. In diesem Buch werden aber auch diese Beschichtungsstoffe beschrieben, weil sie historisch von Bedeutung sind.

20.7.1 Schellack

Schellack ist das Ausscheidungsprodukt der Lackschildlaus. Diese lebt auf bestimmten Bäumen und Sträuchern in Indien, Thailand, Sumatra und den Molukken. Sie sticht junge Zweige an und saugt deren Saft aus. Im Körper der Lackschildlaus wird der Saft zu einer harzartigen Masse umgewandelt und dann ausgeschieden. Als Stocklack umhüllt dieses Stoffwechselprodukt dann die Zweige und wird in dieser Form eingesammelt.

Der Stocklack enthält 60 % bis 80 % Reinschellack, 4 % bis 6 % Schellackwachs und als Rest Holzteile, tote Insekten und Wasser. Der Stocklack wird zerkleinert; den so entstehenden Rohschellack nennt man Körnerlack. Er wird in fließendem Wasser gereinigt; der gewaschene Körnerlack enthält noch ca. 5 % Schmutz und Wachs.

Da der wachshaltige Schellack trübe Lösungen ergibt, wird im Zuge der Reinigung und Veredelung das Schellackwachs entfernt. Durch Bleichen mit chemischen Mitteln hellt man die dunkle Eigenfarbe des Schellacks auf. Schellack wird für Lacke, besonders aber für Haarsprays, Lederappreturen und andere Zwecke weiterverarbeitet. Schellack lässt sich in Spiritus und anderen Alkoholen lösen. Eine Schellackbeschichtung ist nicht wetterbeständig. So beschränkt sich ihr Einsatz auf den Innenraum. Schellackpolitur ist eine dünnflüssige Schellacklösung, die früher mit einem Stoffballen in dünnen Schichten auf Holz aufgetragen wurde. Für die Möbelrestaurierungen ist dieses Verfahren nach wie vor von Bedeutung.

In der Kirchenmalerei und Denkmalpflege wird Schellack häufig zum farblosen oder lasierenden Abdecken von Blattgold und Blattsilber, zum Schutz von Marmorierungen auf Holz und als Absperrlack und anderes eingesetzt. Da die Schellackbeschichtung reversibel[63] ist, kann man die Beschichtung mit Spiritus wieder anlösen und so entfernen.

Stocklack, der Schellack umschließt die Holzzweige.

---

63 reversibel = wieder anlösbar mit dem gleichen Lösemittel, in dem es vor der Trocknung gelöst war. Reversible Bindemittel trocknen physikalisch durch Verdunsten des Löse- und Verdünnungsmittels.

20.7.2 Nitrolacke und -lackfarben

Zellulosenitrat[64] (Abk. CN) entsteht durch Veresterung der Zellulose mit Salpetersäure. Diesen Vorgang bezeichnet man auch als Nitrierung. Davon leitet sich wiederum der Begriffsbestandteil Nitro ab. Je nachdem, wie viele Hydroxylgruppen (OH-Gruppen) unverestert zurückbleiben, löst sich die Nitrozellulose in Alkoholen oder Estern (auch Ketonen). Alkohollösliche Nitrozellulose ist von schlechterer Qualität. Deshalb wird sie nur für Spezialzwecke, zum Beispiel für Isoliermittel verwendet. Esterlösliche Nitrozellulose wird für hochwertige Nitrolacke und -lackfarben eingesetzt.

Für Lacke und Lackfarben werden dem gelösten Zellulosenitrat Harze und Weichmacher zugesetzt. Lackfarben enthalten zusätzlich geeignete Pigmente. Harze erhöhen den Festkörpergehalt und den Glanz, sie werden vorwiegend als Schellack, Naturharze, Alkydharze und Acrylharze zugesetzt. Weichmacher elastifizieren den sonst spröden Lackfilm. Neben Estern der Phthalsäure und der Phosphorsäure verwendet man dazu auch Rizinusöl.

Der Festkörpergehalt der Nitrozelluloselacke und -lackfarben beträgt nur 25 % bis 45 %. Diese Lacke und Lackfarben enthalten also 55 % bis 75 % Löse- und Verdünnungsmittel. Die eingesetzten Lösemittelgemische enthalten außer Estern und Ketonen noch Alkohole und Aromate, was die Kosten reduziert.

Nitrozelluloselacke und -lackfarben trocknen in kurzer Zeit physikalisch durch Verdunsten der Löse- und Verdünnungsmittel.

Die Lackfilme sind reversibel. So werden beim Überstreichen die darunterliegenden Schichten angelöst. Da die Werkstoffe zudem schnell anziehen, ein streifenfreies Verstreichen also kaum möglich ist, werden Nitrozelluloselacke und -lackfarben in der Regel verspritzt. Die Beschichtungen sind licht- und wasserbeständig. Farblose Überzugslacke können aber durch Feuchtigkeit milchig anlaufen. Nicht alle Nitrozelluloselacke und -lackfarben sind wetterbeständig. Dies gilt besonders für Anstriche auf Holz.

Nitrozelluloselacke und -lackfarben werden für Beschichtungen auf Holz und Metallen verwendet. Die Werkstoffe sind auch unter anderen Bezeichnungen im Handel:

Zaponlack ist ein dünner Überzugslack für Kupfer, Messing usw.

Nitropolitur ist ein polierbarer, hochwertiger Klarlack für Möbel usw.

Nitro-Mattine ist ein preisgünstiger, nicht polierfähiger Klarlack, der aber gut glänzt

Ölfreies Grundiermittel ist ein schnell trocknendes Grundiermittel für Holz

Nitro-Einlassgrund ist ein schnell trocknendes Grundiermittel für Holz

Nitro-Schnellschliffgrund ist ein schnell trocknendes Grundiermittel für Holz

Nitro-Sperrgrund wird zum Absperren von Bitumen und Teer eingesetzt.

Nitrolacke wurden zur Beschichtung von Holz im Spritzverfahren eingesetzt. Die Trocknung innerhalb weniger Minuten begünstigte die Herstellung von staubfreien Lackierungen. Wegen der geringen Füllkraft der Lacke blieben die Holzporen offen und der Holzcharakter voll erhalten. Aufgrund der großen Menge frei werdenden Lösemittels dürfen diese Lacke künftig nicht mehr hergestellt und verarbeitet werden.

Nitrozellulose-Kombinationslacke und -lackfarben enthalten neben dem Zellulosenitrat größere Mengen anderer Harze, meist Alkydharze. Dadurch wird der Festkörpergehalt erhöht, die Lackfilme werden also dicker. Gleichzeitig verbessern sich Glanz- und Wetterbeständigkeit.

20.7.3 Leinöl

Öle sind dickflüssige, wasserunlösliche Werkstoffe. Sie sind leichter als Wasser und schwimmen daher auf ihm. Als alleiniges Bindemittel für Beschichtungsstoffe lässt sich nur Leinöl einsetzen. Andere Öle sind wichtige Rohstoffe zur Lack- und Lackfarbenherstellung.

Leinöl wird aus dem Flachssamen gepresst. Man unterscheidet Kalt- und Heißpressung. Bei der Heißpressung ist die Ausbeute größer, wegen der größeren Menge an Schleimstoffen und anderem ist aber die Qualität schlechter. Nach der Pressung werden die Schleimstoffe aus dem Öl entfernt. Anschließend kann man das Öl im Rahmen der Herstellung mit Bleicherde und Aktivkohle aufhellen.

Reines Leinöl härtet erst in 4 bis 8 Tagen durch. Für Beschichtungen wird es deshalb in der Regel weiter behandelt. Leinöl härtet durch Oxidation, also chemisch durch

---

[64] Zellulosenitrat ist die fachlich richtige Bezeichnung für die umgangssprachliche Bezeichnung Nitrozellulose.

Sauerstoffaufnahme. Um diese Erhärtung zu beschleunigen, kann man das Leinöl industriell voroxidieren. Dazu wird es bis zu 120 °C (= 373 K) erhitzt und Luft durchgeblasen. Das so entstandene Produkt wird als geblasenes Leinöl bezeichnet.

Leinölfirnis ist Leinöl, dem bei höheren Temperaturen Sikkative (= Trockenstoffe) zugesetzt worden sind. So härtet Leinölfirnis in kürzerer Zeit durch.

Leinölstandöl ist ein durch Erhitzen eingedicktes Leinöl. Durch die Behandlung werden allgemein Widerstandsfähigkeit und Glanz verbessert.

Mit den Leinölwerkstoffen ist es möglich, selbst Ölfarben und Standöllacke herzustellen. Der Ölanteil entscheidet über die Elastizität der Beschichtungen, deren Vergilbung und Wasserquellbarkeit. Leinölwerkstoffe zeigen vor allem starke Dunkelvergilbung.

Im Zuge der industriellen Herstellung der Lacke und Lackfarben wurde das Bindemittel Leinöl bald von den Alkydharzen abgelöst. Zur Herstellung der Alkydharze ist das Leinöl jedoch nach wie vor von großer Bedeutung. Mit der Neuentwicklung der Naturharzlacke nahm auch die Bedeutung der Leinölprodukte wieder zu.

Da Leinöl und alle mit ihm hergestellten Produkte eine Ocker-Braun-Färbung zeigen, wird das Holz auch ohne Pigmentierung der Leinölprodukte leicht gefärbt. Leinöl vergilbt durch Wärmeeinwirkung und im Dunkeln stark. Verantwortlich dafür sind die mehrfach ungesättigten Fettsäuren, besonders die Linolensäure.

20.7.4 Öllacke und -lackfarben

Öllacke und -lackfarben werden aus trocknenden Ölen, meist Leinöl, aber auch Holzöl und Sojaöl, hergestellt. Diese Öle werden mit Harzen verkocht. Der Harzanteil erhöht Härte und Widerstandsfähigkeit der Beschichtungen. Als Lösemittel verwendet man Testbenzin, zum Teil auch Terpentinöl.

Öllacke und -lackfarben erhärten durch Sauerstoffaufnahme, also chemisch durch Oxidation. Die Erhärtung lässt sich mit Sikkativen (Trockenstoffen) beschleunigen.[65] Die Beschichtungen werden dann sehr hart und sind wetterbeständig. Negativ fallen die starke Vergilbung, insbesondere bei Temperaturen über 80 °C (353 K), und die starke Dunkelvergilbung auf. Die Beschichtungen werden von Laugen verseift und so wasserlöslich, was man auch beim Abbeizen dieser Beschichtungen mit Abbeizlaugen ausnutzt.

20.7.5 Naturharzlacke und -lackfarben

Der Fachnormenausschuss Anstrichstoffe und ähnliche Beschichtungsstoffe (FA) im Deutschen Institut für Normung hat für Naturharzlacke in der DIN 55945 *Anstrichstoffe; Begriffe* folgende Begriffsdefinition veröffentlicht, die auch für Naturfarben Geltung hat:

»Naturharzlacke sind Beschichtungsstoffe aus in der Natur entstandenen oder entstehenden Komponenten, die nachträglich weder chemisch modifiziert noch in ihrer natürlichen Struktur verändert worden sind und die keine künstlich hergestellten Komponenten und/oder Zusatzstoffe (Additive) enthalten.«

Für Naturharzlacke und -lackfarben werden bevorzugt natürlich vorkommende und nachwachsende Harze und Öle sowie Erdpigmente eingesetzt. Die im Handel befindlichen Naturharzlacke und -lackfarben enthalten aber auch künstlich hergestellte Stoffe, wie zum Beispiel Titandioxid. Auch Naturharzlacke enthalten gesundheits- und umweltschädliche Lösemittel wie Terpentinöle. Zusammensetzung und Eigenschaften der Naturharzlacke und -lackfarben ähneln den Öllacken und -lackfarben.

Mit Naturharzlacken und -lackfarben lassen sich nicht dieselben Oberflächenqualitäten erzielen wie mit Kunstharzlacken und -lackfarben. Besonders fallen überlange Trockenzeiten und Vergilbung auf.

20.7.6 Alkydharzlacke und -lackfarben

Die Beschichtungsstoffe Alkydharzlacke und -lackfarben bildeten die in den letzten fünfzig Jahren vom Handwerk am häufigsten eingesetzte Werkstoffgruppe. Umgangssprachlich bezeichnet man die Alkydharzlacke als Kunstharzlacke.[66] Bei problemloser Verarbeitung erreichten diese Beschichtungsstoffe auf Holz guten Verlauf und Glanz sowie gute Haltbarkeit für normale Belastung.

Da Alkydharzlacke und -lackfarben bei der Erhärtung bis zu 40 % organische Lösemittel freisetzen, wird die Verwendung künftig stark zurückgehen. Als Ersatz bieten sich die Dispersionslacke[67] und -lackfarben an.

---

65 Sikkative sind Trockenstoffe, Metallseifen (Verbindung von bestimmten Fettsäuren mit Metallen wie Blei, Mangan, Kalzium, Zink), die als Katalysatoren (hier Trocknungsbeschleuniger) wirken und bei Öl- und Alkydharzlacken und -lackfarben unverzichtbar sind.

66 Die Bezeichnung Kunstharzlacke für die Alkydharzlacke ist irreführend, da alle künstlich hergestellten Harze Kunstharze sind.

67 Dispersionslacke werden fälschlicherweise häufig als Wasserlacke bezeichnet. Wasser ist aber nicht das Bindemittel, sondern das Verdünnungsmittel.

Die Alkydharze (Abk. AK) werden aus drei Rohstoffgruppen hergestellt[68,69,70]:

Je nach dem Fettsäureanteil (Ölanteil) werden unterschiedliche Alkydharzsorten hergestellt

Fettsäureanteil	Alkydharzsorten	Verwendung
unter 40 %	kurzölig	Einbrennlacke für die Industrie
40–60 %	mittelölig	lufttrocknende Malerlacke für innen und außen
über 60 %	langölig	lufttrocknende Malerlacke für Holz- und Korrosionsbeschichtungen im Außenbereich

Sogenannte modifizierte Alkydharze enthalten chemisch gebunden im Molekül eine vierte Komponente. Dadurch sollen bestimmte Eigenschaften verbessert werden, häufig verändern sich aber andere Eigenschaften negativ. Das Alkydharzbindemittel hat eine gelblichbraune Farbe, was vor allem das Aussehen heller Holzarten beeinflusst. Mit Polyisocyanat modifizierte Alkydharze härten schneller durch, sind elastischer, chemisch und mechanisch höher belastbar. Gleichzeitig wird das Haftvermögen verbessert. Doch besteht die Gefahr, dass diese Beschichtungen noch stärker vergilben, als es Alkydharzlacke ohnehin tun.

Mit Polyaminen modifizierte Alkydharze haben thixotrope Wirkung. Thixotrope[71] Alkydharzlacke und -lackfarben lassen sich leicht verarbeiten. Sie laufen auch auf senkrechten Flächen kaum ab. So sind hohe Schichtdicken in einem Arbeitsgang zu erzielen.

Die oxidativ erhärtenden Lacke und Lackfarben werden als typische Malerlacke seit über fünfzig Jahren eingesetzt. Die Lacke enthalten als Bindemittel mittelölige oder langölige gelöste Alkydharze. Die Lackfarben sind pigmentiert.

Alkydharzlacke und -lackfarben lassen sich für Grundierungen, Vorlacke und Decklacke auf Holz, Metall, neutralen Putzen und teilweise auch auf Kunststoffen einsetzen. Besonders Fenster- und Türenlacke enthalten als Bindemittel häufig Alkydharze. Durch Zusatz von Mattierungsmitteln lassen sich die Alkydharzlacke und -lackfarben auch seidenglänzend bis matt herstellen. Als Mattierungsmittel verwendet man Silikate, Kieselsäuren, Polyethylen, Polypropylen.

Bei der Herstellung der Alkydharze können Carboxylgruppen unverestert zurückbleiben. Neutralisiert man diese Gruppen mit Ammoniak oder Aminen, so entstehen im Alkydharzmolekül salzartige, wasserfreundliche (= hydrophile) Gruppen. Eine bessere Wasserverdünnbarkeit erreicht man durch den zusätzlichen Einbau von hydrophilen Gruppen, beispielsweise Glykolen[72], in das Alkydharzmolekül. Diese Alkydharze sind dann wasserverdünnbar, teilweise sogar wasserlöslich. Der flüchtige Anteil an organischen Lösemitteln und Ammoniak liegt unter 10 %. Von Nachteil sind der oft niedrige Festkörperanteil[73] der Harze und der relativ hohe Preis.

Wasserverdünnbare Alkydharze werden im Handwerk als Bindemittel unter anderem in Holzlasuren und Dispersionslacken, häufig auch in Kombinationen mit wasserverdünnbaren Acrylharzen verwendet. Bei der Trocknung verdunsten Wasser und Lösemittel. Gleichzeitig erhärten die Alkydharze je nach Sorte durch Oxidation[74], in der Industrie, auch kombiniert mit Phenol-, Melamin- oder Harnstoffharzen bei Einbrenntemperaturen, durch Polykondensation[75].

---

68 Dicarbonsäuren enthalten 2 Carboxylgruppen, Tricarbonsäuren enthalten 3 Carboxylgruppen.
69 Mehrwertige Alkohole enthalten im Molekül mehrere OH-Gruppen.
70 Fettsäure ist ein Sammelbegriff für gesättigte Carbonsäuren, d. h. für Carbonsäuren mit Einfachbindungen, also ohne Doppelbindungen.
71 Thixotropie ist die Eigenschaft von Beschichtungsstoffen, bei Bewegung, zum Beispiel durch Umrühren oder Verstreichen, dünnflüssig zu werden, um dann im Ruhezustand wieder dickflüssig stehen zu bleiben. Mit thixotropen Werkstoffen sind hohe Schichtdicken möglich.
72 Glykole sind zweiwertige Alkohole, d.h. sie haben 2 OH-Gruppen im Molekül
73 Festkörper ist der Anteil des Beschichtungsstoffes in Prozent, der nach der Trocknung bzw. Erhärtung des Beschichtungsstoffs nach dem Verdunsten der Löse- und Verdünnungsmittel als feste Beschichtung zurückbleibt.
74 Erhärtung durch Oxidation = Erhärtung durch chemische Sauerstoffbindung

20.7.7 Dispersionslacke und -lackfarben

Als Bindemittel für Dispersionslacke und -lackfarben werden wasserverdünnbare Acrylharze (Abk. AY), Alkydharze (Abk. AK) und Polyurethanharze (Abk. PUR) verwendet. Acrylharze werden durch Polymerisation aus Acrylsäureestern oder Methacrylsäureestern hergestellt. Die Polymerisation wird durch Wärme und zugesetzte Reaktionsbeschleuniger ausgelöst. Dabei klappen die Doppelbindungen auf, und die Einzelteilchen verbinden sich an den aufgebrochenen Doppelbindungen. Durch gemeinsames Polymerisieren mit unterschiedlichen Monomeren entstehen copolymere Acrylharze. Besonders gerne wird hier Styrol eingesetzt, es entstehen Styrol-Acrylate.

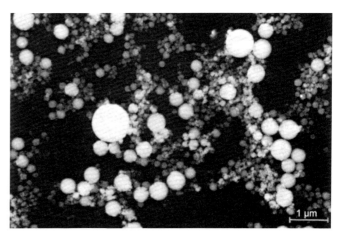

Unter dem Elektronenmikroskop sieht man Zusammenballungen der Riesenmoleküle als zusammengelagerte Kunststofftröpfchen (Beispiel: Acryldispersion). Die Einzelteilchen sind nicht zu erkennen.

Das Polymerisationsverfahren entscheidet darüber, ob und wie Wasserverdünnbarkeit erreicht werden kann:
- Bei der Emulsionspolymerisation erreicht man durch Polymerisieren in Wasser in Gegenwart von Schutzkolloiden und Emulgatoren Acrylat-Dispersionen mit ihrer bekannten Wasserverdünnbarkeit.
- Findet die Polymerisation als Block oder in wassermischbaren Lösemitteln wie Alkoholen statt, kann man saure, niedrigmolekulare (mit kurzen Molekülketten) Acrylharze erhalten. Diese werden durch nachträgliche Neutralisation mit Aminen, Ammoniak oder Alkalien wasserlöslich. Die organischen Lösemittel können bei der Herstellung durch Destillation wieder entfernt werden. So hergestellte wasserverdünnbare Acrylharze enthalten keine Emulgatoren und sind damit von bedeutend geringerer Wasserquellbarkeit.
- Blockpolymerisate können, in geeigneten Lösemitteln gelöst, als Bindemittel für lösemittelhaltige Werkstoffe eingesetzt werden.

Die Vielfalt an Möglichkeiten hat dazu geführt, dass die Acrylharze sowohl im lösemittelhaltigen als auch im wasserverdünnbaren Beschichtungsstoffbereich größte Bedeutung erlangten.
Die Größe der Riesenmoleküle (Polymere) hängt von den verwendeten Monomeren (Einzelteilchen), aber auch von der Art und Menge der Emulgatoren und der Schutzkolloide ab. Setzt man überwiegend Emulgatoren zu, entstehen feinteilige Dispersionen. Verwendet man dagegen Schutzkolloide, entstehen gröbere Dispersionen. Bei den homopolymeren Dispersionen verbinden sich gleiche Monomere zu Polymeren.

Wichtige homopolymere Dispersionen

Monomere	Polymere (Kunststoffdispersionen)	Abk.	Alkalibeständigkeit
Vinylacetat	Polyvinylacetat	PVAC	sehr schlecht
Vinylpropionat	Polyvinylpropionat	PVP	schlecht
Methacrylat	Polymethacrylat	PMA	sehr gut
Ethacrylat	Polyethacrylat	PEA	sehr gut

Für Dispersionslacke werden in der Regel Acrylate, auch als Copolymerisate, eingesetzt. Bei den copolymeren Dispersionen verbinden sich unterschiedliche Monomere zu Riesenmolekülen. Die Copolymerisation wählt man gerne, weil sich damit die Eigenschaften optimieren lassen.

75 Erhärtung durch Polykondensation = bei der Erhärtung wird Wasser chemisch abgespalten, dadurch findet eine chemische Vernetzung der Moleküle statt.

Die mit dem Blauen Engel gekennzeichneten Dispersionslacke enthalten bis zu 10 % organische Lösemittel als Filmbildungshilfsstoffe. So entstehen nach dem Verdunsten des Wassers besonders gleichmäßige, glatte Filme mit gutem Glanz.

Der Pigmentanteil ist in den Dispersionslackfarben deutlich geringer als der Pigmentanteil in den anderen Dispersionsfarben. Als Weißpigmente verwendet man meist Titandioxid und Füllstoffe. Als Buntpigmente werden hochwertige anorganische und organische Pigmente eingesetzt.

Dispersionslacke und -lackfarben lassen sich mit jedem üblichen Beschichtungsverfahren auftragen. Zum Streichen eignen sich besonders Pinsel mit Nylon- oder Perlonborsten. Naturborsten und -haare quellen zu stark auf und werden nach kurzer Zeit lappig.

Dispersionslacke und -lackfarben haften auf nahezu allen Untergründen. Die Anstrichfilme sind sehr beständig gegen Witterung und UV-Strahlung. Manche Dispersionslacke werden von den Holzinhaltsstoffen exotischer Hölzer verfärbt; daher empfehlen sich für diese Untergründe spezielle Dispersionslacke. Für Fensteranstriche ist die Blockfestigkeit der Dispersionslacke zu beachten. Bis vor einiger Zeit kam es bei der Verwendung der Dispersionslackfarben immer wieder zu Verklebungen im Falzbereich, weil die Beschichtungen nicht ausreichend blockfest waren und nicht selten Weichmacher aus den Dichtungen in die Beschichtungen wanderten. Diese Probleme scheinen heute gelöst.

20.7.8 Dispersionslasuren

Auch für Dispersionslasuren verwendet man wasserverdünnbare Acrylharze und Alkydharze. Die Bindemittelteilchen sind hier sehr klein, aber immer noch größer als bei den in organischen Lösemitteln gelösten Lasurwerkstoffen. So dringen Dispersionslasuren weniger in das Holz ein.

Ein Hauptanwendungsgebiet dieser wasserverdünnbaren Lasuren ist die lasierende Holzbeschichtung im Innenraum. Von Vorteil ist, dass die Lösemittelbelastung entfällt. Aber auch für Fenster setzen sich diese Beschichtungsstoffe zunehmend durch. Im Vergleich zu lösemittelhaltigen Lasuren fällt auf, dass die wasserverdünnbaren schneller anziehen (antrocknen) und so die ansatzfreie Verarbeitung schwieriger wird.

Die UV-Beständigkeit der hier eingesetzten Bindemittel ist in aller Regel besser als bei den lösemittelhaltigen wasserverdünnbaren Alkydharzwerkstoffen, die bei zunehmender UV-Belastung zu kreiden beginnen. Dispersionslasuren dagegen sind sehr beständig gegen UV-Strahlen, platzen aber ab, wenn der Holzuntergrund durch UV-Bestrahlung vergraut.

Für die Verarbeitung von Dispersionslasuren eignen sich Kunstfaserpinsel besser als natürliche Borstenpinsel. Die Naturborsten quellen durch das Wasser stark an und verlieren so an Spannung.

Dispersionslasuren sind heute, wie alle Lasuren, vorwiegend mit mikronisierten Pigmenten[76] pigmentiert. Mit lichtbeständigen Bindemitteln erzielen diese Werkstoffe gute Wetterbeständigkeit und guten UV-Strahlenschutz für den Holzuntergrund. Herstellungsbedingt quellen Dispersionslasuren bei Wasserbelastung stärker und können im Extremfall dadurch weißlich anlaufen, was bei dunklen Farbtönen sichtbar werden kann.

20.7.9 Polyurethanharzlacke und -lackfarben

Polyurethan (Abk. PUR) für Lacke und Lackfarben wird durch Polyaddition[77] aus Polyester beziehungsweise Polyether und Polyisocyanaten hergestellt. Polyurethanharzlacke und -lackfarben sind unter der Bezeichnung DD-Lacke bekannt geworden. DD-Lack ist ein geschützter Handelsname. Neben Lacken und Lackfarben werden auch Klebstoffe, Fasern, Schaumstoffe, Pressmassen und Polyurethan-Kautschuk aus Polyurethan hergestellt.

Der Beschichtungsaufbau muss mit artgleichem Material oder anderen Reaktionslacken beziehungsweise -lackfarben erfolgen. Alkydharz-, 1-K-Acrylharz- oder gar Dispersionswerkstoffe sind als Untergrund ungeeignet.

Bei den Zweikomponenten-Polyurethanharz-Werkstoffen werden die beiden Reaktionspartner als Stammlack und als Härter getrennt geliefert. Der Stammlack enthält Polyester beziehungsweise Polyether, der Härter enthält Polyisocyanat. Stammlack und Härter werden vor der Verarbeitung im richtigen Verhältnis (Angaben des Herstellers beachten) vermischt. Die beiden Reaktionspartner verbinden sich danach chemisch zum Polyurethanharz.

---

76 Mikronisierte Pigmente haben eine geringe Teilchengröße, die unter der Wellenlänge des sichtbaren Lichtes liegt. Dadurch decken diese Pigmente nicht, reflektieren aber die UV-Strahlen gut. So eignen sich diese Pigmente besonders gut für Holzlasuren.

77 Polyaddition ist eine chemische Reaktion, bei der sich kleine Monomere zu einem Makromolekül verbinden. Diese Verbindung wird hier möglich, weil Atome, in der Regel Wasserstoffatome, zwischen den Molekülen den Platz wechseln.

Das Polyisocyanat des Härters reagiert auch mit Feuchtigkeit. Deshalb ist bei der Verarbeitung auf Feuchtigkeit zu achten. Auch hohe Luftfeuchtigkeit wirkt sich negativ auf die Beschichtungen aus. Durch die Reaktion des Härters mit der Luftfeuchtigkeit bilden sich sogenannte Kocher, das sind kleinste Bläschen und Krater in der Beschichtung.

Die Topfzeit der im Maler- und Lackiererhandwerk eingesetzten 2-K-Polyurethanlacke und -lackfarben beträgt etwa einen Tag. Die in der Regel beim Schreiner eingesetzten Polyurethanharzlacke erhärten in sehr viel kürzerer Zeit. Als Löse- und Verdünnungsmittel verwendet man Spezialverdünnungen, die meistens Ketone und Ester enthalten.

Zweikomponenten-Polyurethanharzlacke lassen sich bei der Herstellung auf nahezu alle Aufgabengebiete abstimmen. Dies betrifft besonders Elastizität und Härte. Die Beschichtungen sind abriebbeständig, wetterbeständig und chemikalienbeständig. Auffallend ist wiederum die besondere Säurebeständigkeit. Eine Polyurethanbeschichtung lässt sich in hochwertigster Qualität herstellen und hält stärksten mechanischen Belastungen stand. Diese Werkstoffe eignen sich auch hervorragend zum Absperren trocknungsverzögernder Holzinhaltsstoffe.

Lösemittelfreie Polyurethanharze werden auch für Zweikomponentenleime eingesetzt. Mit diesen Leimen lassen sich hochfeste und wasserbeständige Verleimungen herstellen.

Feuchtigkeitshärtende Polyurethanharzlacke und -lackfarben sind Einkomponentenwerkstoffe. Die Reaktionspartner Polyester beziehungsweise Polyether und Polyisocyanat sind bereits vermischt, sie haben sich aber noch nicht vollständig chemisch verbunden. Dies geschieht erst unter Einwirkung von Luftfeuchtigkeit. Die Erhärtung durch Luftfeuchtigkeit kann auf zwei Wegen erfolgen:
– Polyisocyanat reagiert mit Luftfeuchtigkeit zu Polyamin, bei der Aushärtung entsteht Polyharnstoff.
– Blockiermittel reagieren mit Luftfeuchtigkeit, dadurch kann die Erhärtung erfolgen.

Diese Beschichtungsstoffe enthalten blockierte Polycyanate und Polyamine. Erst wenn das Blockiermittel mit Feuchtigkeit reagiert, werden die Polyisocyanate und Polyamine frei und können so vollständig vernetzen. Dadurch härten die Lacke und Lackfarben durch. Feuchtigkeitshärtende Polyurethanharzlacke und -lackfarben werden vor allem zur Versiegelung von Holzfußböden, zum Beispiel Parkett, eingesetzt.

Die Herstellung von wasserverdünnbaren Polyurethanharzlacken und -lackfarben ist schwierig, da viele Härter, die Polyisocyanat enthalten, auch mit Wasser chemisch reagieren. Bislang gibt es zur Herstellung von wasserverdünnbaren Polyurethanharzlacken und -lackfarben zwei Möglichkeiten:

Polyurethandispersionen
Bei diesen Bindemitteln werden bereits vernetzte, sauer eingestellte, gelöste Polyurethanharze unter gleichzeitiger Neutralisation in das Wasser dispergiert. Eine andere Möglichkeit bietet die Herstellung von Urethan-Acrylat-Dispersionen. Hier werden die Acrylate in Gegenwart von Polyurethanen in der wässrigen Lösung dispergiert. Die Eigenschaften dieser Dispersionen sind weitgehend von den Polyurethanen bestimmt.

Polyurethandispersionen werden als alleiniges Bindemittel oder gemeinsam mit anderen in Grundierungen, Dispersionslacken, Einschichtlacken und Spezialeffektlacken eingesetzt.

Wasserverdünnbare Zweikomponenten-Polyurethanharzlacke und -lackfarben
Für diese Lacksysteme werden feinteilige, viele OH-Gruppen enthaltende Dispersionen mit speziellen, dünnflüssigen Polyisocyanaten vermischt. Bei der chemischen Erhärtung entstehen Beschichtungen mit vielen Urethangruppen und Eigenschaften, die denen der lösemittelhaltigen Systeme weitgehend entsprechen.

20.7.10 Zweikomponenten-Polyurethan-Acrylharzlacke und -lackfarben

Bei diesen Reaktionslacken enthält der Stammlack Acrylharze mit freien Hydroxylgruppen (OH-Gruppen). Dieser Stammlack ist bei den Lackfarben pigmentiert. Als Härter verwendet man Polyisocyanat. Daneben kann die Härterlösung noch Amine als Katalysatoren (= Erhärtungsbeschleuniger) enthalten. Stammlack und Härter werden kurz vor der Verarbeitung im richtigen Verhältnis vermischt. Die Topfzeit dieser Lacke und Lackfarben hängt vom jeweiligen Material und von der herrschenden Temperatur ab.

Bei der Erhärtung vernetzt das Polyisocyanat durch Polyaddition chemisch mit den Hydroxylgruppen (OH-Gruppen) der Acrylharze. Dabei bildet sich eine Polyurethangruppe. Die Erhärtung der PUR-Acrylharzlacke und -lackfarben entspricht der Erhärtung der Zweikomponenten-Polyurethanharzlacke und -lackfarben.

Mit den Werkstoffen Zweikomponenten-Polyurethan-Acrylharzlack und -lackfarbe lassen sich sehr harte, glatte, licht-, glanz- und wetterbeständige Beschichtungen erzeugen. Sie haften ausgezeichnet und sind unempfindlich gegen Chemikalien, Benzin und Öl. Seit langer Zeit werden die Lacke und Lackfarben in der Reparaturlackierung für Fahrzeuge eingesetzt. Die Beschichtungsstoffe eignen sich aber auch für sehr widerstandsfähige, optisch wertvolle Beschichtungen auf Holz im Innenraum, beispielsweise für Türen und Möbel.

Wegen ihrer hohen Lösemittelanteile werden diese Werkstoffe aber zunehmend von wasserverdünnbaren Polyurethanharzlacken verdrängt.

20.7.11 Epoxidharzlacke und -lackfarben

Epoxidharze (Abk. EP) für Lacke und Lackfarben werden durch Polykondensation aus geeigneten Rohstoffen, meist Epichlorhydrin und Bisphenol A hergestellt. Sie werden auch als Klebstoffe, als Gießharze, als Bindemittel für glasfaserverstärkte Kunststoffe (GFK) und für Schichtstoffe sowie zur Herstellung von Hartschaumstoffen eingesetzt.

Bei den Zweikomponenten-Epoxidharzlacken und -lackfarben werden die beiden Reaktionspartner als Stammlack und als Härter getrennt geliefert. Der Stammlack enthält das flüssige Epoxidharz, der Härter je nach System Polyisocyanate, Polyamine oder Polyamide. Stammlack und Härter werden vor der Verarbeitung im richtigen Verhältnis (Angaben des Herstellers beachten) vermischt. Die beiden Reaktionspartner verbinden sich danach chemisch durch Polyaddition zum ausgehärteten Epoxidharz. Die Topfzeit beträgt zwischen einem und drei Tagen. Epoxidharz-Zweikomponenten-Werkstoffe lassen sich auch lösemittelfrei als wetterbeständige Klebstoffe mit ungemein hoher Klebekraft herstellten. Dazu benutzt man Epoxidharze mit kurzen Molekülketten (=niedrig molare Epoxidharze). Aufgrund der kleinen Moleküle sind diese Harze flüssig, sie müssen bei der Kleberherstellung nicht erst gelöst werden.

Epoxidharz-Zweikomponenten-Werkstoffe dürfen unter 15 °C (= 288 K) nur dann verarbeitet werden, wenn der Hersteller die einwandfreie Durchhärtung bei niedrigeren Temperaturen zusichert. In der Regel härten diese Materialien bei niedrigeren Temperaturen nicht durch.

Beschichtungen mit Epoxidharz-Zweikomponenten-Werkstoffen sind absolut alkalibeständig, sowie beständig gegen andere Chemikalien und Lösemittel. Obwohl sie ausgezeichnet wasser- und wetterbeständig sind, neigen diese Beschichtungen im Außenraum zum Kreiden. Sie zeigen aber auch ausgezeichnete Beständigkeit gegen mechanischen Abrieb.

Auf Holz werden Epoxidharzlackfarben nur zum Absperren trocknungsverzögernder Holzinhaltsstoffe und als Bindemittel für Klebstoffe und Holzersatzmassen eingesetzt.

21 Untergrundprüfungen

Bevor die Beschichtungsarbeiten beginnen, ist der Holzuntergrund daraufhin zu prüfen, ob er für die gewünschte Beschichtung geeignet ist. Für den Handwerker, den Auftragnehmer, bezieht sich die Prüfung auf sichtbare und mit baustellenüblichen Hilfsmitteln feststellbare Mängel. Stellt er einen oder mehrere Mängel fest, so muss er durch eine Bedenkenmitteilung schriftlich auf die Probleme hinweisen. Die Beseitigung der Mängel, soweit ihm möglich, ist nicht kostenlos durchzuführen, sondern muss vergütet werden. Die erforderlichen Kosten sind dem Auftraggeber in Form eines Nachtragsangebotes gleichzeitig mit der Bedenkenmitteilung aufzuzeigen. Holzfehler und -mängel wurden bereits im Abschnitt 7 (Seite 33 ff.) behandelt, dort sind auch zahlreiche Bildbeispiele zu finden. Hier geht es um zusätzliche Untergrundprüfungen auf Mängel und um Hinweise zu deren Beseitigung:

Abgewittertes Holz
Erkennung durch Augenschein anhand der vergrauten Oberfläche, genauer mit der Klebebandprobe (Holzfasern am Klebeband).
abgewittertes und geschädigtes Holz durch Abschleifen entfernen, Neuanstrich.

Scharfe Kanten
Erkennung durch Augenschein, befühlen, ein Kantenradius < 2 mm ist bei Fenstern nicht zulässig.
Kanten abrunden; diese Leistung stellt keine Nebenleistung dar und ist zu vergüten.

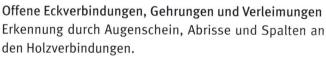

Offene Eckverbindungen, Gehrungen und Verleimungen
Erkennung durch Augenschein, Abrisse und Spalten an den Holzverbindungen.
Die Konstruktion eignet sich nicht für eine dauerhafte Beschichtung.

Zu hohe Holzfeuchte
Mit dem Feuchtigkeitsmessgerät in mind. 5 mm Tiefe messen, maßhaltiges Holz darf 13 % ± 2 % Feuchtigkeit haben, begrenzt und nicht maßhaltiges Holz max. 18 %, innen sind < 8 % zulässig.
Das Holz vor der Beschichtung austrocknen lassen.

Unfachmännische Ausbesserungen
Erkennung durch Augenschein.
Das schadhafte Holz muss ersetzt werden.

Wasserflecken
Erkennung durch Augenschein anhand der braunen Verfärbungen. Mit dem Feuchtigkeitsmessgerät ist zu prüfen, ob das Holz bereits wieder trocken ist.
Da die Flecken nicht egalisiert werden können, sind nur deckende Beschichtungen möglich. Das trockene Holz kann mit lösemittelhaltigen Beschichtungsstoffen problemlos deckend beschichtet werden. Sollen wasserverdünnbare Beschichtungen verwendet werden, ist das Absperren mit speziellen Lackfarben erforderlich.

Risse im Holz
Erkennung durch Augenschein anhand der Spaltbildung im Holz.
Das geschädigte Holz muss ersetzt werden.

Unzulässige Äste
Erkennung durch Augenschein anhand der Spaltbildung in den Ästen.
Derartige Holzteile führen immer zu Beschichtungsschäden und müssen deshalb ausgetauscht werden.

Scharfe Kanten
Erkennung durch Augenschein und Befühlen; ein Kantenradius < 2 mm ist im Außenbereich nicht zulässig.
Die Kanten müssen abgerundet werden; dies ist nach VOB eine besondere Leistung und muss vergütet werden.

Ungeschützte Hirnholzflächen
Erkennung durch Augenschein anhand der fehlenden Beschichtung auf der Hirnholzfläche, häufig auch durch die vom Hirnholz weg verlaufenden, der Maserung folgenden Risse.
Intensive mehrmalige Beschichtung der Hirnholzflächen; sind bereits starke Risse im Holz vorhanden, muss es ausgetauscht werden.

Offene Eckverbindungen, Gehrungen und Verleimungen
Erkennung durch Augenschein, Abrisse und Spalten an den Holzverbindungen.
Die Verleimung durch den Schreiner oder das Auffräsen der Verbindungen mit nachfolgendem Verfüllen mit speziellen 2-K-Werkstoffen stellt eine kurzfristige, aber keine dauerhafte Lösung dar.

 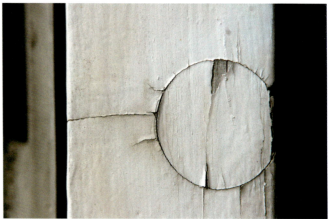

Harzgallen und Harzaustritt
Erkennung durch Augenschein anhand der klebrigen Harzausscheidungen.
Es ist eine Bedenkenanzeige erforderlich; Harzgallen ausstechen, harzreiche Holzteile austauschen lassen; helle Beschichtungen mindern den Harzausfluss, können ihn aber nicht verhindern.

Zu große Dübel
Erkennung durch Augenschein und abmessen.
Dübel > 2,5 cm sind nicht zulässig; die Holzteile müssen ausgetauscht werden.

Offene Dübel
Erkennung durch Augenschein anhand der Spaltbildung zwischen Dübel und Holz.
Derartige Holzteile führen immer zu Beschichtungsschäden und müssen deshalb ausgetauscht werden.

Unzulässige Dübel
Erkennung durch Augenschein.
Dübel im Wetterschenkelbereich, insbesondere aber im Überschlag sind nicht zulässig.

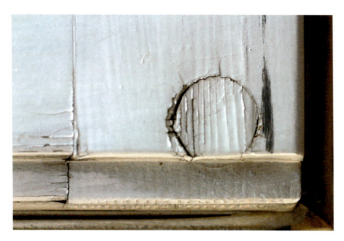 

Kettendübelungen
Erkennung durch Augenschein, Verleimung von zwei und mehr Dübeln in unmittelbarem Kontakt.
Bedenkenanzeige bei lasierenden Beschichtungen im Fensterbereich bereits bei 2 Dübeln, bei deckenden Beschichtungen bei mehr als 2 Dübeln oder wenn die Dübel die Stabilität mindern.

Fäulnis durch holzzerstörende Pilze
Erkennung durch Augenschein anhand der geringen Holzfestigkeit und dunklen Verfärbung des geschädigten Holzes. Festigkeit des Holzes überprüfen, zum Beispiel mit einem Messer.
Das geschädigte Holz muss ersetzt werden.

Bläuepilzbefall
Erkennung durch Augenschein anhand der grauen Verfärbungen.
Feuchtigkeit des Holzes überprüfen, gegebenenfalls austrocknen lassen. Danach ist der Pilzbefall durch Abschleifen unter Beachtung der Unfallverhütungsvorschriften zu entfernen und eine Bläueschutzgrundierung auf dem rohen Holz durchzuführen. Der Einsatz der Bläueschutzmittel muss schriftlich vereinbart werden.

Algenbewuchs
Erkennung durch Augenschein anhand des grünlichen Farbtones des Belags.
Entfernung der Algen mit Algiziden, gründlich mit Wasser nachwaschen.

Insektenbefall
Erkennung durch Augenschein anhand der Ausschlupflöcher und der Fraßgänge, bei starkem Befall auch durch Abklopfen.
Von Insekten befallenes Holz ist nur in Ausnahmefällen zulässig.

Abplatzende Beschichtungen
Erkennung durch Augenschein, Gitterschnitt und Klebebandtest.
Vor der Beschichtung muss die schadhafte Altbeschichtung restlos entfernt werden (Erneuerungsbeschichtung).

Hagelschlag
Erkennung durch Augenschein anhand der runden Einschläge, auch mit Hilfe eines Vergrößerungsglases. Gründliches Abschleifen vor der Beschichtung; bei nicht gründlicher Vorbereitung kann die durch den Hagelschlag gestauchte Holzstruktur zu späteren Schäden führen.

Sich abschälende Beschichtungen
Erkennung durch Augenschein und mit Klebebandtest.
Vor der Beschichtung muss die schadhafte Altbeschichtung restlos entfernt werden (Erneuerungsbeschichtung).

Versprödete Altbeschichtung
Erkennung durch Augenschein.
Vor der Beschichtung muss die schadhafte Altbeschichtung restlos entfernt werden (Erneuerungsbeschichtung).

Blasen in der Altbeschichtung
Erkennung durch Augenschein.
Vor der Beschichtung muss die schadhafte Altbeschichtung restlos entfernt werden (Erneuerungsbeschichtung).

Kreidende Beschichtungen
Erkennung durch Wischprobe und Augenschein.
Vor der Beschichtung muss die kreidende Schicht entfernt werden.

Mangelnde Haftung der Altbeschichtung
Augenschein, Klebebandtest oder Gitterschnitt (Schneideabstand 2 mm, Schnitte diagonal zur Holzmaserung) durchführen.
Schlecht haftende Beschichtungen müssen entfernt werden, es ist ein Erneuerungsanstrich notwendig.

Erkennung der Altbeschichtung
Löseversuch mit Spiritus, Schellack wird gelöst. Löseversuch mit Nitroverdünnung, Dispersions- und Nitrolacke werden gelöst. Abbeizversuch mit Abbeizlauge, Alkydharzlacke werden verseift und so wasserlöslich.
Abstimmung der Überholungsbeschichtung auf die Altbeschichtung, wenn möglich, beim gleichen Bindemittel bleiben.

Mängel an der Abdichtung der Regenschutzschienen
Erkennung durch Augenschein, fehlende, versprödete oder rissige Abdichtungen.
Die Dichtungen müssen erneuert werden.

Mängel an der Abdichtung der Fenster
Erkennung durch Augenschein.
Die Dichtstoffe müssen entfernt und ersetzt werden.

Mängel an den Anschlussstellen
Erkennung durch Augenschein anhand der fehlenden, versprödeten oder rissigen Abdichtungen.
Die schadhaften Abdichtungen müssen erneuert werden.

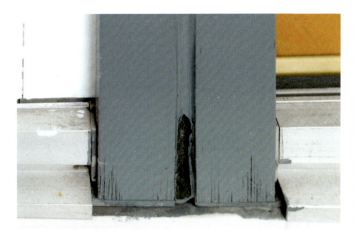

Überstrichener elastischer Dichtstoff
Erkennung durch Augenschein beziehungsweise durch Schabprobe.
Der Dichtstoff muss entfernt und ersetzt werden.

Korrosionsprodukte von Befestigungen
Erkennung durch Augenschein anhand der Verfärbungen. Korrodierte Befestigungen durch nichtrostende ersetzen und neue Beschichtung, wenn die Altbeschichtung dies zulässt, mit lösemittelhaltigen Beschichtungsstoffen, ansonsten Isolieranstrich auf allen rosthaltigen Flächen, abgestimmt auf die Altbeschichtung.

22 Innenbeschichtungen auf Holz

Im Innenraumbereich werden die Beschichtungen auf Holz vorwiegend zur Verbesserung des Aussehens und zur Erleichterung der Pflege ausgeführt.[78] Dort sollten in aller Regel, im Hinblick auf die Gefahren für die Gesundheit, keine Holzschutzmittel eingesetzt werden. Wegen des verringerten Lösemittelanteils und der damit verbundenen geringeren Gesundheits- und Umweltbelastung setzen sich die Dispersionslasuren und Dispersionslacke für Holzuntergründe zunehmend durch. Aber auch lösemittelhaltige Alkydharzwerkstoffe werden noch eingesetzt.

Für besonders hochwertige Beschichtungen verwendet man auch 2-K-Produkte auf der Basis von Polyurethan oder Polyurethan-Acrylharz. Parkettversiegelungen werden heute, ebenfalls wegen der geringeren Lösemittelbelastung, bevorzugt mit wasserverdünnbaren Polyurethanharzlacken ausgeführt.

Wird Holz im Innenraum gewachst, ist eine nachfolgende Beschichtung nicht mehr möglich, da sich das Wachs nicht rückstandsfrei entfernen lässt. Deshalb ist vom Wachsen des Holzes eher abzuraten.

22.1 Innenbeschichtungen auf Holzverkleidungen

Leistungsbeschreibungen für Beschichtung auf neuem Holz (ohne Nebenleistungen)

Beschichtung mit farblosem Lack
– eine Grundbeschichtung mit farblosem Lack
– eine Zwischenbeschichtung mit farblosem Lack
– eine Schlussbeschichtung mit farblosem Lack

Beschichtung mit Lasur
– eine Grundbeschichtung mit Imprägnierlasur
– eine Zwischenbeschichtung mit Imprägnierlasur
– eine Schlussbeschichtung mit Imprägnierlasur

Deckende Beschichtung
– eine Grundbeschichtung mit Dispersionslackfarbe
– eine Zwischenbeschichtung mit Dispersionslackfarbe
– eine Schlussbeschichtung mit Dispersionslackfarbe

Deckende Beschichtung mit Lackfarbe mit Spachtelung
– eine Grundbeschichtung mit Lackfarbe
– erste Spachtelung mit Lackspachtel
– zweite Spachtelung mit Lackspachtel
– eine Zwischenbeschichtung mit Vorlackfarbe
– eine Schlussbeschichtung mit Lackfarbe

Deckende Beschichtung mit Lackfarbe mit Fülleraufrag
– eine Grundbeschichtung mit Lackfarbe
– erste Spachtelung mit Lackspachtel
– eine Zwischenbeschichtung mit Füller
– eine Schlussbeschichtung mit Lackfarbe

Überholungsanstriche

Nach dem gründlichen Reinigen, dem Anschleifen oder Anlaugen werden für Überholungsanstriche jeweils ein Zwischenanstrich und ein Schlussanstrich mit möglichst dem Beschichtungsstoff ausgeführt, der auch für die Altbeschichtung verwendet wurde.

Alkydharzlacke dürfen nicht auf Dispersionslacke aufgetragen werden. 2-K-Lacke dürfen nicht auf Alkdharzlacken oder Dispersionslacken aufgetragen werden. Rissbildungen und Abplatzungen wären sonst die Folge.

Sind zur fachgerechten Ausführung umfangreiche Vorarbeiten (besondere Leistungen) erforderlich, werden diese in der Leistungsbeschreibung vor dem Zwischen- und Schlussanstrich aufgelistet.

Erneuerungsanstriche

Eine Erneuerungsbeschichtung mit vorhergehender vollständiger Entfernung der Altbeschichtung ist erforderlich, wenn
– die vorhandene Altbeschichtung abplatzt,
– die Haftprüfung mit Gitterschnitt und Klebebandtest schlechte Haftfestigkeit der Beschichtung zeigt oder
– sich in der Beschichtung Risse zeigen.

Der Erneuerungsanstrich entspricht einem Neuanstrich, allerdings macht er umfangreiche Vorarbeiten erforder-

---

78 Als Ausnahme kann man die Holzfußböden sehen, sie werden gesondert behandelt, siehe Seite folgende Seite.

lich. Ein nicht tragfähiger Anstrich wird vollkommen entfernt. Die zerstörten Holzfasern verwitterter Holzflächen müssen vor einer Beschichtung gründlich abgeschliffen werden.

22.2 Beschichtung von Holzfußböden

Die Beschichtung von Holzfußböden dient dem Schutz vor mechanischem Abrieb, der besseren Reinigungsfähigkeit und dem Aussehen. Zunehmend werden dafür Be-

Beschichtungen von Holzfußböden

Bezeichnungen	Zusammensetzung	Qualitätserwartung	Anwendung
Naturölwachs	Standöl[1]-Kolophonium[2]-Verkochung mit Wachsen, z. B. Bienenwachs, Karnaubawachs[3], Schellackwachs[4]; als Lösemittel dienen Terpentine, Testbenzin, Zitrusöl, Pinienöl	seidenglänzende Wachspolitur mit geringer Beanspruchbarkeit; nicht für Feuchträume	wird mit einem Lappen dünn aufgetragen, bei sattem Auftrag entsteht eine ungleichmäßige Oberfläche; belastbar nach ca. 24 Stunden
Naturfußbodenwachs	Öl/Karnaubawachskombination; als Lösemittel dienen Terpentine, Zitrusöl	für seidenglänzende, elastische Beschichtungen auf Böden aus Holz oder Kork; für geringe Beanspruchung	wird mit einem Lappen oder einer Streichbürste dünn aufgetragen; belastbar nach 24 bis 48 Stunden
Naturharzhartöl	Standöl-Kolophonium-Verkochung; als Lösemittel dienen Terpentine, Zitrusöle; Sikkative[5] auf der Basis von Calcium, Zirkon, Cobalt	hart auftrocknendes, gelblich-bräunliches Öl für Nadelhölzer und Harthölzer; nicht für sehr helle Hölzer; neigt zur Dunkelvergilbung; nicht für starke Beanspruchung	wird mit Pinsel und Streichbürsten aufgetragen; belastbar nach 24 bis 48 Stunden
Naturlacke	Standöl-Kolophonium-Verkochung, als Lösemittel dienen Terpentine und Zitrusöl; Sikkative auf der Basis von Calcium, Zirkon, Cobalt	gelblich-bräunlicher Lack für Nadelhölzer und Harthölzer; nicht für sehr helle Hölzer; neigt zur Dunkelvergilbung	wird mit Pinsel und Streichbürsten aufgetragen; belastbar nach 24 bis 48 Stunden
Alkydharzlacke	Verkochung von Phthalsäure, mehrwertigen Alkoholen und Ölen (Polykondensation); als Lösemittel dienen vorwiegend Testbenzine; Sikkative auf der Basis von Calcium, Zirkon, Cobalt	gelblich-bräunlicher Lack für Nadelhölzer und Harthölzer; nicht für sehr helle Hölzer; neigt zur Dunkelvergilbung	wird mit Streichbürsten oder maschinell durch Spritzen aufgetragen; belastbar nach 12 bis 24 Stunden
Polyurethanharzlacke und PUR-Acrylharzlacke	Lösemittelhaltige Zweikomponentenprodukte[6] oder wasserverdünnbare Einkomponentenprodukte	für stärkste Belastung; wasserverdünnbare Produkte sind etwas weniger belastbar	wird mit Pinsel, Streichbürsten oder Gummirakel aufgetragen, auch Spritzen wäre möglich; belastbar nach 2 bis 4 Stunden

1 Standöl wird durch Erhitzen, in der Regel von Leinöl, hergestellt. Leinöl wird aus dem Leinsamen (Flachs) gepresst.
2 Kolophonium ist ein Harz, das aus Nadelholzbäumen gewonnen wird.
3 Wachs, das aus den Blättern der Karnaubapalme (Brasilien) hergestellt wird, enthalten auch in Mattlacken, Bohnerwachs, Polier- und Autopflegemitteln.
4 Wachs, das bei der Schellackherstellung anfällt.
5 Sikkative sind Trockenstoffe, chemisch gesehen Metallseifen, die als Katalysatoren die oxidative Erhärtung (Polymerisation unter Sauerstoffbindung) fördern.
6 Stammlack und Härter werden vor der Verarbeitung zusammengemischt. Das Material muss in einem bestimmten Zeitraum verarbeitet werden und ist danach nicht mehr zu gebrauchen. Die Zeit, in der das Material verarbeitet werden muss, wird als Topfzeit bezeichnet

schichtungsstoffe bevorzugt, die Gesundheit und Umwelt möglichst wenig belasten. Auch Wachse und Naturharzlacke werden vom Kunden häufig gefordert; diese Werkstoffe haben allerdings geringere Haltbarkeit und müssen häufiger erneuert werden.

22.3 Beschichtung von Innentüren und Möbeln aus Holz

Bei der Beschichtung von Holzinnentüren und Möbeln aus Holz ist zu unterscheiden zwischen
– farbloser Beschichtung,
– lasierender Beschichtung,
– deckender Beschichtung.

Farblose und lasierende Beschichtungen werden auf meist furnierte Holztüren, selten auf Massivholztüren aufgetragen. In aller Regel soll die Porigkeit des Holzes erhalten werden. Früher setzte man dazu gerne Nitrolacke oder Nitrokombilacke im Spritzverfahren ein, denn deren geringer Festkörperanteil[79] bedingte so geringe Schichtdicken, dass die Holzstruktur voll erhalten blieb. Wegen der schnellen Trocknung gab es keine Probleme mit Staubeinschlüssen. Heute verwendet man gerne eine zweischichtige Polyurethanlackierung, die auch seidenglänzend oder matt sein kann. Der Arbeitsablauf dafür ist:
– Schleifen der Holzflächen
– Grundieren mit verdünntem Polyurethanharzlack
– Abschleifen der aufstehenden Holzfasern
– Schlusslackierung mit Polyurethanharzlack

Der Holzfarbton kann vor der Lackierung auch durch Beizen verändert werden. Durch Zugabe geeigneter Pigmenttinten zum Lack kann eine lasierende Farbtonwirkung erreicht werden.
Die Polyurethanharzwerkstoffe eignen sich auch für die deckende Beschichtung. Der Arbeitsablauf dafür ist:

– Schleifen der Holzflächen
– Grundieren mit verdünntem Polyurethanharzlack
– Abschleifen der aufstehenden Holzfasern
– Füllern mit Polyurehtanharzfüller
– Planschleifen (ohne durchzuschleifen)
– Schlusslackierung mit Polyurethanharzlack

Um die Füllermenge und die Schleifarbeiten zu reduzieren, empfiehlt es sich, die Holzfläche nach der Grundierung und den folgenden Schleifarbeiten dünn mit Spachtelmasse durchzuziehen.
Im Maler- und Lackiererhandwerk sind als Regelleistung nach DIN 18363 ATV *Maler- und Lackiererarbeiten – Beschichtungen* für eine Türbeschichtung im Innenraum eine Grund- und eine Schlussbeschichtung auszuführen. Spachtelarbeiten sind als »Besondere Leistungen« gesondert zu vereinbaren. Besonders für deckende Beschichtungen sollten in einem Beratungsgespräch die über die Regelleistung hinausgehenden Leistungen vereinbart und schriftlich fixiert werden.
Bei Renovierungsbeschichtungen ist die Beschichtung als Regelleistung im Innenraum in einem Arbeitsgang auszuführen. Da diese Beschichtung in der Regel keinen höheren Ansprüchen genügt, sollten in einem Beratungsgespräch die über die Regelleistung hinausgehenden Leistungen vereinbart und schriftlich fixiert werden.
Im Maler- und Lackiererhandwerk wurden und werden gerne lösemittelmittelhaltige Alkydharzlacke eingesetzt. Der Umstieg auf die lösemittelreduzierten Dispersionslacke wird hier gegenwärtig vollzogen.

---

79 Der Festkörper ist der Anteil des Beschichtungsstoffes in Prozent, der nach dem Verdunsten der Löse- und Verdünnungsmittel nach der Trocknung des Beschichtungsstoffes als Beschichtung zurückbleibt. Wenn der Löse- und Verdünnungsmittelanteil hoch ist, bleibt anteilig eine geringe Schicht als Beschichtung zurück.

23 Aussenbeschichtungen auf Holz

Als nicht maßhaltige Bauteile hat der Maler und Lackierer meistens Holzverkleidungen, Balkonverbretterungen und Gartenzäune zu beschichten. Holzschutzmittel und erster Zwischenanstrich sollten bereits vor dem Einbau der Holzteile aufgetragen werden.

23.1 Beschichtungen von Holzverkleidungen und Dachuntersichten

Für Lasuranstriche auf nicht maßhaltigen Holzbauteilen eignen sich Imprägnierlasuren besonders. Da mit diesen Lasuren nur dünne Schichten erzielt werden können, sind die Beschichtungen sehr wasserdampfdurchlässig. Möglicherweise von der Rückseite eindringende Feuchtigkeit kann sich kaum schädigend auswirken. Allerdings sind in kürzeren Abständen Überholungsanstriche erforderlich, da die dünneren Schichten auch schneller abwittern. Deckende Beschichtungen sind mit Alkydharz- oder Dispersionslackfarben möglich.

Leistungsbeschreibung für Anstriche mit Imprägnierlasur (Dünnschichtlasur) auf neuem Holz (ohne Nebenleistungen)

vor dem Einbau
– eine allseitige Grundbeschichtung mit fungizider Imprägnierlasur
– eine allseitige Zwischenbeschichtung mit Imprägnierlasur

nach dem Einbau
– eine zweite Zwischenbeschichtung mit Imprägnierlasur
– eine Schlussbeschichtung mit Imprägnierlasur

Leistungsbeschreibung für deckende Beschichtungen mit Alkydharzlackfarbe auf neuem Holz (ohne Nebenleistungen)

vor dem Einbau
– eine allseitige Grundbeschichtung mit Holzschutzmittel
– eine allseitige Zwischenbeschichtung mit Alkydharzlackfarbe

nach dem Einbau
– eine zweite Zwischenbeschichtung mit Alkydharzlackfarbe
– eine Schlussbeschichtung mit Alkydharzlackfarbe

Leistungsbeschreibung für deckende Beschichtungen mit Dispersionslackfarbe auf neuem Holz (ohne Nebenleistungen)

vor dem Einbau
– eine allseitige Grundbeschichtung mit Holzschutzmittel
– eine allseitige Zwischenbeschichtung mit Dispersionslackfarbe

nach dem Einbau
– eine zweite Zwischenbeschichtung mit Dispersionslackfarbe
– eine Schlussbeschichtung mit Dispersionslackfarbe

Überholungsanstriche

Nach dem gründlichen Reinigen, dem Anschleifen oder Anlaugen werden für Überholungsanstriche jeweils ein Zwischenanstrich und ein Schlussanstrich mit möglichst dem Beschichtungsstoff ausgeführt, der auch für die Altbeschichtung verwendet wurde.
Alkydharzlacke dürfen nicht auf Dispersionslacken aufgetragen werden. 2-K-Lacke dürfen nicht auf Alkydharzlacken oder Dispersionslacken aufgetragen werden. Rissbildungen und Abplatzungen wären sonst die Folge.
Sind zur fachgerechten Ausführung umfangreiche Vorarbeiten erforderlich, werden diese in der Leistungsbeschreibung vor dem Zwischen- und Schlussanstrich aufgelistet.

Erneuerungsanstriche

Vor dem Erneuerungsanstrich wird der nicht tragfähige Anstrich vollkommen entfernt. Die zerstörten Holzfasern verwitterter Holzflächen müssen vor einer Beschichtung gründlich abgeschliffen werden. Der Erneuerungsanstrich entspricht einem Neuanstrich, allerdings sind umfangreichere Vorarbeiten erforderlich.

23.2 Beschichtungen von Holzfenstern und Holztüren

Schäden an der Beschichtung von Holzfenstern werden häufig durch mangelhafte Konstruktionsdetails wie scharfe Kanten, fehlende Ablaufschräge, offene Kapillarfugen und Holzfehler verursacht. Fenster dürfen keine waagerechten Flächen aufweisen, durch Schrägen soll das Wasser schnell abgeleitet werden. Der Neigungswinkel muss über 15° liegen. Die Kanten müssen in einem Radius von über 2 mm gerundet sein, da an scharfen Kanten zu wenig Beschichtungsstoff verbleibt. In der Fachschule für Farb- und Lacktechnik München durchgeführte Untersuchungen zeigten, dass auf Kanten maximal nur ca. 65 % der Schichtdicke im Vergleich zur Fläche verbleibt, unabhängig vom verwendeten Beschichtungssystem. Das Abrunden der Kanten durch den Handwerker ist eine zu vergütende besondere Leistung.

Die Richtlinien fordern, dass neue Fenster erst eingebaut und verglast werden, wenn sie allseitig mit Holzschutzmitteln und einem ersten Grundanstrich beschichtet worden sind. So soll ein allseitiger Feuchtigkeitsschutz gewährleistet sein.

Leistungsbeschreibung für Lasuranstrich mit Imprägnier-/Dickschichtlasur als kombinierter Beschichtungsaufbau für neue Fenster und Außentüren (ohne Nebenleistungen)

vor dem Einbau und Verglasen
– eine Grundbeschichtung mit fungizider Imprägnierlasur[80]
– eine erste Zwischenbeschichtung mit Dickschichtlasur
nach dem Einbau und Verglasen
– eine zweite Zwischenbeschichtung mit Dickschichtlasur
– eine Schlussbeschichtung mit Dickschichtlasur

Leistungsbeschreibung für deckende Beschichtung mit Alkydharzlackfarbe für neue Fenster und Außentüren (ohne Nebenleistungen)

vor dem Einbau und Verglasen
– eine Grundbeschichtung mit Bläueschutz-Grundbeschichtungsstoff
– eine Zwischenbeschichtung mit Alkydharzlackfarbe
nach dem Einbau und Verglasen
– eine zweite Zwischenbeschichtung mit Alkydharzlackfarbe
– eine Schlussbeschichtung mit Alkydharzlackfarbe

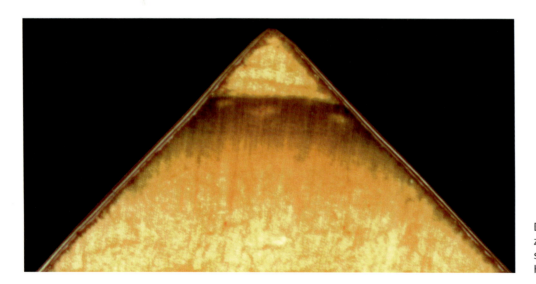

Die mikroskopische Aufnahme zeigt, wie dünn die Beschichtung an den scharfen Kanten wird.

[80] Wird in der Regel vom Fensterbauer ausgeführt.

Beschichtungen für Fenster und Fenstertüren

Beschichtungsstoffe	wichtige Eigenschaften	Eignung
Imprägnierlasuren	haben einen Festkörper von ‹ 30 %, enthalten als Bindemittel meist Alkydharze	aufgrund der erreichbaren, zu geringen Schichtdicke nur fungizid eingestellt als Holzschutzgrundierung
Dickschichtlasuren, lösemittelhaltig	haben einen Festkörper von 30–60 %, enthalten als Bindemittel meist Alkydharze, sind deshalb sehr blockfest*	für Zwischen- und Schlussbeschichtungen
Wasserverdünnbare Lasuren	enthalten als Bindemittel meist Acrylharze, sind deshalb nicht sehr blockfest, neigen zur Ansatzbildung, enthalten ‹ 10 % organische Lösemittel, deshalb geringere Geruchsbelästigung	für Zwischen- und Schlussbeschichtungen
Alkydharzlackfarben, lösemittelhaltig	stellen die klassischen Fensterlackfarben dar, neigen zum Vergilben, sind sehr blockfest	für deckende Zwischen- und Schlussbeschichtungen
Dispersionslackfarben, wasserverdünnbar	enthalten als Bindemittel meist Acrylharze, sind deshalb nicht sehr blockfest, enthalten weniger als 10 % organische Lösemittel, deshalb geringere Geruchsbelästigung	für deckende Zwischen- und Schlussbeschichtungen

* blockfest = ein Verkleben (Verblocken) zwischen den Beschichtungen von Fensterflügel und Fensterstock wird ausgeschlossen

Leistungsbeschreibung für deckende Beschichtung mit Dispersionslackfarbe für neue Fenster und Außentüren (ohne Nebenleistungen)

vor dem Einbau und Verglasen
- eine Grundbeschichtung mit Bläueschutz-Grundbeschichtungsstoff
- eine Zwischenbeschichtung mit Dispersionslackfarbe

nach dem Einbau und Verglasen
- eine zweite Zwischenbeschichtung mit Dispersionslackfarbe
- eine Schlussbeschichtung mit Dispersionslackfarbe

Überholungsanstriche

Nach dem gründlichen Reinigen, dem Anschleifen oder Anlaugen werden für Überholungsanstriche jeweils ein Zwischenanstrich und ein Schlussanstrich mit möglichst dem Beschichtungsstoff ausgeführt, der auch für die Altbeschichtung verwendet wurde. Die zum Teil sehr umfangreichen Vorarbeiten werden in der Leistungsbeschreibung vor dem Zwischen- und Schlussanstrich aufgelistet.

Alkydharzwerkstoffe dürfen nicht auf Dispersionswerkstoffen aufgetragen werden. Rissbildungen und Abplatzungen wären sonst die Folge.

AUSSENBESCHICHTUNGEN AUF HOLZ

Beispiel: Lasuranstrich mit Imprägnier- und Dickschichtlasur als Überholungsbeschichtung

– Abschleifen des schadhaften Anstriches und des verwitterten Holzes im Wetterschenkelbereich, gründliches Anschleifen der verbleibenden schadensfreien Beschichtung,
– Abrunden der scharfen Kanten
– Entfernen des schadhaften Dichtstoffes
– eine Grundbeschichtung mit fungizider Imprägnierlasur auf den rohen Holzteilen
– fehlenden Dichtstoff mit artgleichem Material ersetzen
– erste Zwischenbeschichtung mit Dickschichtlasur unter Farbtonangleichung auf den grundierten Holzteilen
– eine vollflächige Zwischenbeschichtung mit Dickschichtlasur
– eine vollflächige Schlussbeschichtung mit Dickschichtlasur

Zum Schutz vor eindringender Feuchtigkeit muss bei Überholungs- und Erneuerungsanstrichen oft die sich zwischen Fensterstock und Putz bildende Fuge mit Dichtstoffen gefüllt werden. Diese Arbeit stellt eine besonders zu vergütende Leistung dar.

Falze von Fenstern und Fenstertüren sind im Farbton der zugehörigen Seite zu beschichten. Die nach außen gerichteten Falze gehören zur Außenbeschichtung, die nach innen gerichteten Falze zur Innenbeschichtung. Bei Verbundfenstern gehört nur die Außenseite zur Außenbeschichtung, die drei anderen Seiten gehören zur Innenbeschichtung. Diese Hinweise sind insbesondere von Bedeutung, wenn nur die Außenseiten der Fenster beschichtet werden sollen.

Leinölkitte[81] sind entsprechend dem sonstigen Beschichtungsaufbau mit einer Zwischen- und einer Schlussbeschichtung zu versehen. Plastische und elastische Dichtstoffe sind durch die angrenzende Beschichtung bis zu 1 mm Breite zu begrenzen.

Sind plastische und elastische Dichtstoffe bereits früher überstrichen worden und steht eine Renovierung der Fenster an, ist eine schriftliche Bedenkenanmeldung dringend geboten. Entsprechend den Regeln der Technik dürften diese Dichtstoffe nicht überstrichen werden, müssen aber aus optischen Gründen bei der Renovierung erneut überstrichen werden. Eine Entfernung der alten Beschichtung auf dem Dichtstoff ist nicht möglich.

23.3 Beschichtungen von Holzfachwerk

Viele Fachwerkhäuser stehen unter Denkmalschutz. In der Regel wird an diesen geschützten Häusern von den Landesämtern für Denkmalpflege eine Befunderstellung durchgeführt und das Sanierungs- beziehungsweise Restaurierungskonzept vorgegeben.

Die Beschichtungen für Holzfachwerk müssen gute Wasserdampfdurchlässigkeit aufweisen, da eine Hinterfeuchtung des Fachwerkes nicht gänzlich ausgeschlossen werden kann, sei es durch Schlagregen von außen oder Tauwasser von innen. Es muss sichergestellt werden, dass das Holzfachwerk vor einer Dauerfeuchtigkeit ≥ 20 % geschützt ist.

Da es nicht möglich ist, eine Hinterfeuchtung auf Dauer zu verhindern, sollte man auf die Anschlussverfugung zwischen Holz und verputztem Gefach verzichten. Die Verfugung würde die Austrocknung nur behindern.

Bei jedem Überholungsanstrich ist zu prüfen, ob ein zu hoher Wasserdampfdiffusionswiderstand zu erwarten ist. Wenn die Beschichtung entfernt werden muss, muss dies so schonend wie möglich geschehen, um die oftmals jahrhundertealte Substanz nicht mehr als nötig zu gefährden.

Für die Holzuntergründe der Fachwerkhäuser haben sich Ölfarben und langölige Alkydharzlacke[82] bewährt, für Fachwerkhäuser ohne kulturhistorischen Hintergrund Holzschutzfarben auf Dispersionsbasis. Für neue Holzfachwerkhäuser sind natürlich auch Imprägnierlasuren hervorragend geeignet.

Auf das Auskitten von Fehlstellen mit Spachtelmassen und chemischem Holzersatz sollte man verzichten. Holzrisse von mehr als 1 cm werden vom Zimmermann in gleicher Holzqualität ausgespänt. Kleinere Risse werden nur gut mit dem Beschichtungsstoff ausgestrichen.

Birkenholz im Querschnitt, mit Weiß- und Braunfäule

---

81 Leinölkitt gehört zu den erhärtenden Dichtstoffen und ist nur für Einfachverglasungen zulässig. Die Verwendung dieses Dichtstoffes wird deshalb weiter zurückgehen.
82 Langölige Alkydharzlacke haben einen Ölanteil von über 60 %.

24 Verordnungen, Richtlinien und Vorschriften

Verordnungen

Gefahrstoffverordnung (GefStoffV)
Gefahrgutverordnung Straße und Eisenbahn (GGVSE)
Chemikalienrechtliche Verordnung zur Begrenzung der Emissionen flüchtiger organischer Verbindungen (VOC) durch Beschränkung des Inverkehrbringens lösemittelhaltiger Farben und Lacke (lösemittelhaltige Farben- und Lack-Verordnung ChemVOCFarbV)
Verordnung über Arbeitsstätten (Arbeitsstättenverordnung – ArbStättV)

Richtlinien

DIN EN 152-1   Prüfverfahren für Holzschutzmittel; Laboratoriumsverfahren zur Bestimmung der vorbeugenden Wirksamkeit einer Schutzbehandlung von verarbeitetem Holz gegen Bläuepilze; Anwendung im Streichverfahren

DIN EN 152-2   Prüfverfahren für Holzschutzmittel; Laboratoriumsverfahren zur Bestimmung der vorbeugenden Wirksamkeit einer Schutzbehandlung von verarbeitetem Holz gegen Bläuepilze; Anwendung durch andere Verfahren als Streichen

DIN EN 204   Klassifizierung von thermoplastischen Holzklebstoffen für nichttragende Anwendungen

DIN EN 300   Platten aus langen, ausgerichteten Spänen (OSB) – Definitionen, Klassifizierung und Anforderungen

DIN EN 302-2   Klebstoffe für tragende Holzbauteile – Prüfverfahren – Teil 2: Bestimmung der Delaminierungsbeständigkeit

DIN EN 309   Spanplatten – Definition und Klassifizierung

DIN EN 312   Spanplatten – Allgemeine Anforderungen

DIN EN 313-1   Sperrholz – Klassifizierung und Terminologie – Teil 1: Klassifizierung

DIN EN 313-2   Sperrholz – Klassifizierung und Terminologie – Teil 2: Terminologie

DIN EN 316   Holzfaserplatten – Definition, Klassifizierung und Kurzzeichen

DIN EN 350-2   Dauerhaftigkeit von Holz und Holzprodukten – Natürliche Dauerhaftigkeit von Vollholz – Teil 2: Leitfaden für die natürliche Dauerhaftigkeit und Tränkbarkeit von ausgewählten Holzarten von besonderer Bedeutung in Europa

DIN EN 382-2   Faserplatten; Bestimmung der Oberflächenabsorption; Prüfmethode für harte Platten

DIN EN 438-1   Dekorative Hochdruck-Schichtpressstoffplatten (HPL) – Platten auf Basis härtbarer Harze (Schichtpressstoffe) – Teil 1: Einleitung und allgemeine Informationen

DIN EN 438-2   Dekorative Hochdruck-Schichtpressstoffplatten (HPL) – Platten auf Basis härtbarer Harze (Schichtpressstoffe) – Teil 2: Bestimmung der Eigenschaften

DIN EN 622-1   Faserplatten – Anforderungen – Teil 1: Allgemeine Anforderungen

DIN EN 622-2   Faserplatten – Anforderungen – Teil 2: Anforderungen an harte Platten

DIN EN 622-3   Faserplatten – Anforderungen – Teil 3: Anforderungen an mittelharte Platten

DIN EN 622-4   Faserplatten – Anforderungen – Teil 4: Anforderungen an poröse Platten

DIN EN 622-5   Faserplatten – Anforderungen – Teil 5 Anforderungen an Platten nach dem Trockenverfahren DIN

DIN EN 633   Zementgebundene Spanplatten; Definition und Klassifizierung

DIN EN 634   Zementgebundene Spanplatten – Anforderungen; Teil 1: Allgemeine Anforderungen

DIN EN 635-1   Sperrholz – Klassifizierung nach dem Aussehen der Oberfläche – Teil 1: Allgemeines

DIN EN 635-2   Sperrholz – Klassifizierung nach dem Aussehen der Oberfläche – Teil 2: Laubholz

DIN EN 635-3   Sperrholz – Klassifizierung nach dem Aussehen der Oberfläche – Teil 3: Nadelholz

DIN EN 635-4 Sperrholz – Klassifizierung nach dem Aussehen der Oberfläche Teil 4: Einflussgrößen auf die Eignung zur Oberflächenbehandlung – Leitfaden

DIN EN 635-5 Sperrholz – Klassifizierung nach dem Aussehen der Oberfläche Teil 5: Messverfahren und Angabe der Merkmale und Fehler

DIN EN 927-1 Lacke und Anstrichstoffe – Beschichtungsstoffe und Beschichtungssysteme für Holz im Außenbereich – Teil 1: Einteilung und Auswahl

DIN EN 927-2 Lacke und Anstrichstoffe – Beschichtungsstoffe und Beschichtungssysteme für Holz im Außenbereich – Leistungsanforderungen

DIN EN 927-4 Lacke und Anstrichstoffe -Beschichtungsstoffe und Beschichtungssysteme für Holz im Außenbereich – Beurteilung der Wasserdampfdurchlässigkeit

DIN EN 942 Holz in Tischlerarbeiten – Allgemeine Anforderungen

DIN EN 12775 Massivholzplatten – Klassifizierung und Terminologie

EN 13017-1 Massivholzplatten; Klassifizierung nach dem Aussehen der Oberfläche – Teil 1: Nadelholz

EN 13017-2 Massivholzplatten; Klassifizierung nach dem Aussehen der Oberfläche – Teil 2: Laubholz

DIN EN 13183-1 Feuchtegehalt eines Stückes Schnittholz – Teil 1: Bestimmung durch Darrverfahren

DIN EN 13226 Holzfußböden – Massivholz-Parkettstäbe mit Nut/oder Feder

DIN EN 13227 Holzfußböden – Massivholz-Lamparkettprodukte

DIN EN 13228 Holzfußböden – Massiv-Overlay-Parkettstäbe einschließlich Parkettblöcke mit einem Verbindungssystem

DIN EN 13353 Massivholzplatten (SWP) – Anforderungen

DIN EN 13488 Holzfußböden – Mosaikparkettelemente

DIN EN 13489 Holzfußböden – Mehrschichtparkettelemente

DIN EN 13990 Holzfußböden – Massive Nadelholz-Fußbodendielen

DIN EN 14761 Holzfußböden – Massivholzparkett – Hochkantlamelle, Breitlamelle und Modulklotz

DIN 1960 VOB Vergabe- und Vertragsordnung für Bauleistungen – Teil A: Allgemeine Bestimmungen für die Vergabe von Bauleistungen

DIN 1961 VOB Vergabe- und Vertragsordnung für Bauleistungen – Teil B: Allgemeine Vertragsbedingungen für die Ausführung von Bauleistungen

DIN EN 1995-1-1 Eurocode 5: Bemessung und Konstruktion von Holzbauten – Teil 1.1: Allgemeines – allgemeine Regeln für den Hochbau

DIN EN ISO 2409 Lacke und Anstrichstoffe – Gitterschnittprüfung

DIN EN ISO 4618 Beschichtungsstoffe – Begriffe

DIN 4074-1 Sortierung von Holz nach der Tragfähigkeit – Teil 1: Nadelschnittholz

DIN 4074-2 Bauholz für Holzbauteile; Gütebedingungen für Baurundholz (Nadelholz)

DIN 4102-1 Brandverhalten von Baustoffen und Bauteilen – Teil 1: Baustoffe; Begriffe, Anforderungen und Prüfungen

DIN EN ISO 4622 Lacke und Anstrichstoffe – Druckprüfung zur Bestimmung der Stapelfähigkeit

DIN 4074-1 Sortierung von Holz nach der Tragfähigkeit – Teil 1: Nadelschnittholz

DIN 4074-2 Bauholz für Holzbauteile; Gütebedingungen für Baurundholz (Nadelholz)

DIN EN 12775 Massivholzplatten-Klassifizierung und Terminologie

DIN EN 13329 Laminatböden – Elemente mit einer Deckschicht auf Basis aminoplastischer, wärmehärtbarer Harze – Spezifikationen, Anforderungen und Prüfverfahren

DIN EN 14220 Holz und Holzwerkstoffe in Außenfenstern, Außentüren und Außentürzargen – Anforderungen und Spezifikationen

DIN 18203-3 Toleranzen im Hochbau – Bauteile aus Holz und Holzwerkstoffen

DIN 18299 VOB Verdingungsordnung für Bauleistungen – Teil C: Allgemeine Technische Vertragsbedingungen für Bauleistungen (ATV); Bauleistungen

DIN 18334 VOB Verdingungsordnung für Bauleistungen – Teil C: Allgemeine Technische Vertragsbedingungen für Bauleistungen (ATV); Zimmer-und Holzbauarbeiten

DIN 18355 VOB Verdingungsordnung für Bauleistungen – Teil C: Allgemeine Technische Vertragsbedingungen für Bauleistungen (ATV); Tischlerarbeiten

DIN 18356 VOB Verdingungsordnung für Bauleistungen – Teil C: Allgemeine Technische Vertragsbedingungen für Bauleistungen (ATV); Parkettarbeiten

DIN 18361 VOB Verdingungsordnung für Bauleistungen – Teil C: Allgemeine Technische Vertragsbedingungen für Bauleistungen (ATV); Verglasungsarbeiten

DIN 18363 VOB Verdingungsordnung für Bauleistungen – Teil C: Allgemeine Technische Vertragsbedingungen für Bauleistungen (ATV); Maler- und Lackierarbeiten – Beschichtungen

DIN 31051 Grundlagen der Instandhaltung

DIN 4074-1 Sortierung von Nadelholz nach der Tragfähigkeit – Teil 1: Nadelschnittholz

DIN 4076 Benennungen und Kurzzeichen auf dem Holzgebiet; Holzarten

DIN 4108-4 Wärmeschutz und Energie-Einsparung in Gebäuden – Teil 4: Wärme- und feuchteschutztechnische Bemessungswerte

DIN EN 12524 Baustoffe und –produkte – Wärme- und feuchteschutztechnische Eigenschaften -- Tabellierte Bemessungswerte

DIN 50010-1 Klimate und ihre technische Anwendung - Klimabegriffe, Allgemeine Klimabegriffe

DIN 52452-4 Prüfung von Dichtstoffen für das Bauwesen – Verträglichkeit mit Beschichtungssystemen

DIN 55945 Beschichtungsstoffe und Beschichtungen – Ergänzende Begriffe zur DIN EN ISO 4616

DIN 68121-2 Holzprofile für Fenster und Fenstertüren; Allgemeine Grundsätze

DIN 68140-1 Keilzinkenverbindungen von Holz – Teil 1 Keilzinkenverbindungen von Nadelholz für tragende Bauteile

DIN 68702 Holzpflaster

DIN 68705-2 Sperrholz – Teil 2: Stab- und Stäbchensperrholz für allgemeine Zwecke

DIN 68705-3 Sperrholz – Teil 3: Bau-Furniersperrholz

DIN 68800-1§§Holzschutz im Hochbau – Allgemeines

DIN 68800-2 Holzschutz – Teil 2 Vorbeugende bauliche Maßnahmen im Hochbau

DIN 68800-3 Holzschutz – Teil 3 Vorbeugender chemischer Holzschutz

DIN 68800-4 Holzschutz – Teil 4 Bekämpfungsmaßnahmen gegen holzzerstörende Pilze und Insekten

Technische Regeln für Gefahrstoffe

TRGS 002 Übersicht über den Stand der Technischen Regeln für Gefahrstoffe

TRGS 200 Einstufung und Kennzeichnung von Zubereitungen

TRGS 402 Ermittlung und Beurteilung der Konzentration gefährlicher Stoffe in der Luft im Arbeitsbereich

TRGS 403 Bewertung von Schadstoffgemischen in der Luft am Arbeitsplatz

TRGS 555 Betriebsanweisung und Unterweisung nach § 20 GefStoffV

TRGS 905 Verzeichnis krebserzeugender, Erbgut verändernder oder Fortpflanzung gefährdender Stoffe

Unfallverhütungsvorschriften

BGV B1 Gefahrstoffe

Merkblätter

BFS-Merkblatt Nr. 18 Beschichtungen auf Holz und Holzwerkstoffen im Außenbereich

IVD-Merkblatt Nr. 9 Dichtstoffe in der Anschlussfuge für Fenster und Außentüren – Grundlagen für Planung und Ausführung

25 Weiterführende Literatur

Michael Bablick: Das Lehrbuch für Maler/-innen und Lackierer/-innen. Bildungsverlag EINS: Troisdorf 2008 (2. Auflage)

Michael Bablick: Das Meisterbuch für Maler/-innen und Lackierer/-innen. Band 1 und 2. Bildungsverlag EINS: Troisdorf 2006

Rudi Wagenführ: Holzatlas. Fachbuchverlag Leipzig, Hanser Wirtschaft: Leipzig, München 2006 (6. Auflage)

26 Stichwortverzeichnis

Abbeizen 127
Abdichtungen 148, 149
Abholzigkeit 33
Ablängen 19
Abnahme der Leistung 125, 126
Abplatzungen 146
Acrylharze 137
Acrylharzlacke und -lackfarben 139
Afzelia 45
Alerce 46
Algen 92, 145
Alkydharze 136
Alkydharzlacke und -lackfarben 135, 151
Allgemeine Geschäftsbedingungen 123
Ameisen 103
Anobien 102
Anstrichbläue 95
Äste 143
Äste mit Pilzbefall 39
Astigkeit 19, 35
Atmungsaktivität 86
Auftragsabwicklung 125
Ausbesserungen 142
Aus-dem-Herzen-Schälen 60
Außenfurnier 60
Außenraumklima 128
Azobe 46

Balsa 46
Bast 15
Baulicher Holzschutz 106
Baustäbchenplatte (BST) 75
Baustabsperrholz (BST) 75
Beanspruchungsgruppen der Holzklebstoffe 63
Bedenkenmitteilung 125
Beizbild 118
Bekämpfender Holzschutz 111
Beschichtung von Dachuntersichten 153
Beschichtung von Fußböden 152
Beschichtung von Holzfachwerk 156
Beschichtung von Holzfenstern 154
Beschichtung von Holzverkleidungen außen 153
Beschichtung von Holzverkleidungen innen 152
Beschichtung von Innentüren 152
Beschichtung von Möbeln 152
Beschichtungen 122
Beschichtungsstoffe 131
BGB 122, 124
Birke 47
Blasenbildung 147
Blättling 97
Bläuepilzbefall 43, 94, 145
Blauer Engel 138

Bleichmittel 117
Blockfestigkeit 138
Blockware 24
Bohlen 29
Borke 15
Brandschutzmittel 121
Brauner Kellerschwamm 94
Brauner Splintholzkäfer 103
Braunfäule 98, 99
Bretter 29
Buche 47
Bürgerliches Gesetzbuch 122, 124

Cedar Western 47
Chemische Beizen 117, 118
Chemischer Holzschutz 106, 107

Dämmschichtbildner 121
Darre 81
Darrprobe 81, 85
Deckfurnier 60
Destruktionsfäule 10
Dichtstoffe 156
Dickschichtlasuren 120
Diffusion 86
Diffusionswiderstand 86, 88
Diffusionswiderstandsfaktor 87
Dispersionslacke und -lackfarben 137
Dispersionslasuren 138
Doppelbeizen 118
Doppelkern 34
Doppelstamm 34
Douglasie 48
Doussié 45
Drehwuchs 33, 43
dreistieliger Einschnitt 21
Druckholz 37
Dübel 40, 144

Echter Hausschwamm 94, 98
Edelkastanie 48
Efeu 92
Eiche 48
Einfachschnitt 22
eingewachsene Äste 39
Einschlagalter 19
einstieliger Einschnitt 21
Emissionen 131
Entwicklerbeizen 118
Epoxidharzlacke und -lackfarben 140
Erdstamm 19
Erkennung der Altbeschichtung 148
Erle 49

Erneuerungsanstriche 127, 150, 153, 155
Esche 49
Exzenterschälfurnier 60
exzentrischer Wuchs 34

Falschkern 36
Farb- und Beizextrakte 118
Farbkennzeichnung der Spanplatten 75
Farbstoffbeizen 117
Farbstoffe 12
Farbton der Beschichtungen 129, 130
Farbtonabweichungen 43
Fasersättigungspunkt 81
Festkörperanteil 152
Feuchtemessungen 85
Fichte 49
Firnis 135
Flachpressplatten (OSB) 77
Fladernschnitt 23
Flechten 99
Formaldehyd 63
Formsperrholz 72
Framire 50
Freiluftklima 128
Freilufttrocknung 31
Frischholzinsekten 101
Frostleiste 37
Frühholz 15
Furniere 29, 59
Furniersperrholz 72, 75
Furnierstreifen 29

Gefährdungsklassen für Holz 107, 108
Gefäße 16
Gegenfurnier 60
Gerbstoffe 11
gerissene Äste 39
Geruchsstoffe 12
gesäumte Bretter 20, 24
Gewährleistung 124
Gewöhnlicher Nagekäfer 102
Gips 63
Gipsfaserplatten 79
Gleichgewichtsfeuchte 64, 84
Glucose 11
gravimetrische Messmethode 85
Güteklassen für Rundholz 20

Haftungsprobleme 147
Hagelschlag 146
Harnstoff-Formaldehydharz-Leim (UF) 62
harte Holzfaserplatten 79
Harzaustritt 11, 144
Harze 11, 15, 16
Harzgallen 36, 42, 144
Harzkanäle 16
Hausbock 102
Hausschwamm 94, 98

Hemizellulose 11
Hemlock 50
Hickory 50
Hirnholzflächen 143
Hoftüpfel 16
hohler Kern 35
Hohlkehligkeit 33
Holz für Tischlerarbeiten 29, 30
Holzbeizen 117
Holzeinschnitt 20
Holzfaserplatten 78
Holzfeuchtigkeit 81, 142
Holzfußböden 151
Holzlasuren 120
Holzpolyosen 11
Holzschädlinge 92
Holzschutz 104
Holzschutzmittel 110
Holzschutzmittel mit bauaufsichtlicher Zulassung 111
Holzschutzmittel nach RAL 110
Holzschutzmittelverzeichnis 111
Holzschutzsalze 111, 112
Holzstrahlen 15
Holztrocknung 31
Holzverkleidungen außen 153
Holzverkleidungen innen 150
Holzwerkstoffe 61
Holzwespe 103
Holzwolle-Leichtbauplatten 79
Hydromat 86
Hygrometer 85

Imprägnierlasuren 120
Innenbeschichtungen 150
Innenfurnier 60
Insektenbefall 146
Insektenfraßstellen 44
Instandhaltung 126
Instandsetzung 126

Jahrring 15
Jahrringablösungen 41

Kambium 15
Kantholz 29
Kernbrett 24
Kernholz 15
Kernrisse 35
Kettendübelungen 40, 145
Kiefer 51
Kirschbaum 51
Kleesalz 115
klimatische Beanspruchungsgruppen 127
Kombinationsbeizen 117, 118
Korrosionsfäule 99
Kreidung 147
Krummschäftigkeit 33
Krustenflechten 100

künstliche Trocknung 31
Kurzzeichen für Holzschutzmittel 111

Landesbauordnung 123
Landesbauverordnungen 106
Längsfasersperrholz 72
Lärche 51
Latten 29
Laubflechten 100
Laubholz 16
Laugenbeizen 118
Leinölfirnis 135
Leisten 29
Libriformzellen 16
Lignin 11, 13
Limba 52
Linde 52
linke Holzseite 23
lösemittelhaltige Beizen 118
Luftausgleichsfeuchte 84
Luftfeuchtigkeit 83

Mahagoni 52
Makoré 53
Mark 15
Markröhren 38
Markstrahlen 15
Maserwuchs 36
Maßhaltigkeit 89
Massivholzplatten (SWP) 65
Melamin-Formaldehydharz-Leim (MF) 62
Messerfurnier 60
Messung der Holzfeuchtigkeit 85
Messung der relativen Luftfeuchtigkeit 85
Mikrofurnier 60
Mittelbrett 24
Mitteldichte Faserplatten (MDF) 79
Mittellagen-Sperrholz 72
Mittelstamm 19
Mondringe 34
Moorbirke 47
Moose 100
Muschelkrempling 94

Nadelholz 15
Naturharzhartöl 151
Naturharzlacke und -lackfarben 135
Naturlacke 151
Naturölwachs 151
negatives Beizbild 117
Neubeschichtungen 126
Nitrolacke und -lackfarben 134
Nussbaum 53
Nutzungsklassen der Holzwerkstoffe 64

offene Eckverbindungen 141, 143
offene Verleimungen 41
Öllacke und -lackfarben 135

Osmose 88
Oxalsäure 115

Padouk 53
Palisander 54
Pappel 54
Parenchym 15, 16
pflanzliche Holzschädlinge 92
Phenole 12
Phenol-Formaldehydharz-Leim (PF) 62
Pilze 43, 93
Polyisocyanat 139, 140
Polymethylendiisocyanant-Leim (PMDI) 62
Polyosen 11
Polysaccharid 11
Polyurethanharzlacke und -lackfarben 138
Polyvinylacetat-Leim 62
Poren 16
poröse Faserplatten (SB) 79
positives Beizbild 118
Pulverbeizen 118

Querfasersperrholz 72
Querrisse 40

Radialschnitt 22, 23
Ramin 54
Reaktionsholz 37
rechte Holzseite 23
Redwood 55
relative Luftfeuchtigkeit 83
Resistenzklassen 90
Resistenzstoffe 12
Resorcin-Formaldehydharz-Leim (RF) 62
Richtlinien 157
Rinde 15
Rindeneinschlüsse 38
Ringrisse 34
Risse 40, 142
Rotfäule 98
Rotkern 34
Rundholz 19
Rundschälfurnier 60
Rüster 55

Sägefurnier 60
Sandbirke 47
Sapelli 55
Säumen der Bretter 20
scharfe Kanten 143
Schellack 133
Schimmelpilze 95
Schmelzklebstoffe 63
Schnittholz 20
Schnittholzbläue 95
Schuppiger Sägeblättling 94
Schwarte 24
schwarze Äste 38

Schwarzerle 49
Sechsfachschnitt 22
Seitenbrett 24
Silberweide 57
Sipo 56
Sommereiche 48
Sommerlinde 52
Sortierklassen für Bohlen und Bretter aus Laubholz 28
Sortierklassen für Bohlen und Bretter aus Nadelholz 27
Sortierklassen für Kanthölzer aus Laubholz 26
Sortierklassen für Kanthölzer aus Nadelholz 25
Spannrückigkeit 35
Spanplatten 75
Spätholz 15
Sperrholz 72
Spiegelschnitt 22
Splintholz 15
Stäbchensperrholz 72
Stabsperrholz 72
Stammholzbläue 95
Standöl 150
Stay-log-Schälen 60
Stieleiche 48
Strauchflechten 100
symmetrisches Sperrholz 72

Tangentialschnitt 23
Tanne 56
Tannenblättling 94
Taupunkt 84
Teak 56
Technische Regeln Gefahrstoffe 159
Tegernseer Gebräuche 20
Termiten 103
Textur 23
tierische Holzschädlinge 101
Tracheen 16
Tracheiden 15, 16
Trockenholzinsekten 101
Tüpfel 16

Überholungsanstriche 126, 150, 153, 155
überwachsene Äste 35
Untergrundprüfungen 141

Verbundsperrholz 72
Verordnungen 157
Versprödung 147
Verzinkungen 41
vierstieliger Einschnitt 21
Viskose 13
VOB 122, 123, 124
VOC 131, 132
Vogelkot 101

Wachsbeizen 118
Wachse 12
Wasser-Alkohol-Beizen 118
Wasserbeizen 118
Wasserdampfdiffusionsstromdichte 87
Wasserstoffperoxid 115
Wassserstoffsuperoxid 115
Weide 57
Weißer Porenschwamm 94
Weißfäule 42, 99
Weißleim 62
Weißweide 57
Wenge 57
Werkvertragsrecht 123
Wetterbeanspruchung 129
Weymouthskiefer 57
wilder Wuchs 37
Wimmerwuchs 36
Wintereiche 48
Winterlinde 52
Wulstholz 35
Würfelbrüchigkeit 99

Zaunblättling 94
Zellulose 11
Zement 63
zementgebundene Spanplatten 80
Zirbelkiefer 58
Zitronensäure 115
Zopfstück 19
Zugholz 37
zweistieliger Einschnitt 21
Zwiesel 33

Fotonachweis

Autor und Verlag bedanken sich für die unentgeltlich zur Verfügung gestellten Fotos:
Seite 121 Brandschutz: Rudolf Hensel GmbH, Lauenburger Landstraße 11, 21039 Börnsen
Seite 146 Hagelschlag: Matthias Karius, övb Sachverständiger, Ampertalstraße 15, 85391 Allershausen
Alle anderen Fotos und Abbildungen stammen vom Autor.
Autor und Verlag danken auch Herrn Norbert Schwung und Herrn Anton Wieser, die jeweils ihre umfangreiche Holzsammlung im Berufsbildungszentrum Luisenstraße 11, 80333 München, zum Fotografieren zur Verfügung stellten.